나침반 여행

이 책을 사랑하는 부모님과 가족들에게 바칩니다.

나침반 여행

초판 1쇄 인쇄일_2010년 9월 15일
초판 1쇄 발행일_2010년 9월 20일

글·그림·사진_양재혁
펴낸이_최길주

펴낸곳_도서출판 BG북갤러리
등록일자_2003년 11월 5일(제318-2003-00130호)
주소_서울시 영등포구 여의도동 14-5 아크로폴리스 406호
전화_02)761-7005(代) ㅣ 팩스_02)761-7995
홈페이지_http://www.bookgallery.co.kr
E-mail_cgjpower@yahoo.co.kr

값 14,000원

* 저자와 협의에 의해 인지는 생략합니다.
* 잘못된 책은 바꾸어 드립니다.

ISBN 978-89-6495-004-3 03980

나침반 여행
글·그림·사진 양재혁
BG 북갤러리

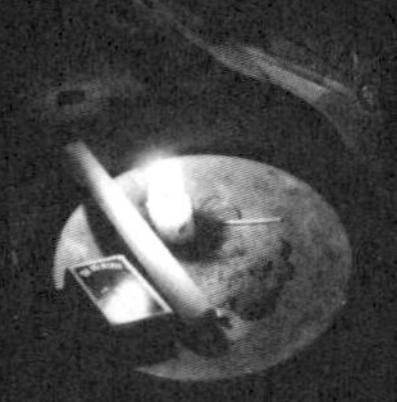

사막의 어둠이 가져간 카메라

2008년 8월 12일, 낙찻(Nouakchott)에서 오후 5시에 탄 버스가 사하라 사막, 모래의 바다를 달려, 6시간 만에 모리타니아 북쪽 끝 작은 마을 노아디부에 도착하였다. 밤 11시를 넘긴 사막의 싸늘한 밤공기에 나는 잔뜩 움츠린 몸으로 택시 기사들과 숙소까지 가격을 흥정하고 있었다. 터무니없는 가격을 부르는 기사들 가운데, 선뜻 200우기야로 데려다 주겠다는 기사가 있어 트렁크에 짐을 싣고 조수석에 앉았다.

낯선 사막의 어둠 속에서 혼자 택시를 탄 나는 경계를 늦추지 않았다. 몇 안 되는 가로등이 가까스로 사막의 어둠에서 마을을 밝히고, 달리는 차 안에서 내가 할 수 있는 일은 거의 없었다. 차가 어둠 속을 달리다가 다시 밝은 길로 접어들면 안도의 숨을 내쉬는 것이 고작이었다.

그렇게 10분 정도를 달렸을 때 차는 마을을 빠져나가 어두운 길로 접어들기 시작하였다. 난 이미 그 전에 몇 차례 반복했듯이, 이번에도 가로등 없는 어두운 길일 거라고 생각했지만, 5분여를 더 달려 정신을 차리고 주위를 둘러보니 마을은 저 멀리 있고 차는 사막 한가운데를 달리고 있음을 눈치 챌 수 있었다.

"이봐, 멈춰! 멈춰!! 멈추라고!!!"

그는 거칠게 차를 세웠고 차가워진 눈빛으로 나를 쏘아보며 무어라 날 카롭게 외쳤다. 나 또한 질세라 고함을 꽥 질렀다. 서로를 노려보는 그 짧은 순간에 좁은 공간을 벗어나야겠다는 생각이 스쳤고, 나는 가방을 움켜쥐고 차 문을 박차고 나갔다. 10여 미터를 달린 후 가벼워진 손을 느꼈고, 돌아보니 그가 차에서 내려 땅에 떨어진 내 카메라 가방을 집어 들고 만족한 듯 운전석으로 걸어가고 있었다.

그때 그가 멈춰 서 있는 나를 보고는 흠칫 놀라는 듯하더니 트렁크를 열고 내 큰 배낭을 던졌다. 그는 마치 '이 가방 줄 테니 그냥 가는 게 좋을 거야!' 하고 말하는 것 같았다. 내 머릿속은 어떻게 하면 그의 손 안에 있는 카메라를 되찾는가에 대한 생각이, 심장 터질 듯한 두려움만큼이나 커져 있었고 그렇게 꼼짝 않고 있는 나를 본 그는 트렁크에서 무언가 찾기 시작했다.

끝이 날카롭게 구부러진 쇠꼬챙이가 그의 손에 쥐어진 것을 봤을 때 나는 가슴이 철렁 내려앉았고, 죽음이라는 내게 미처 준비되지 않은 공포가 엄습해 왔다. 죽음의 공포를 경험했던 사람들의 진부한 증언들이 늘 그렇듯이, 나 또한 그 평범함을 넘지 못하고 그간의 삶의 여정이 파노라마처럼 머릿속을 스쳐 갔다. 그것은 쇠꼬챙이가 달빛에 번쩍이는 순간처럼 아주 짧은 시간이었지만, 사막의 엄숙한 역사처럼 영원한 것이기도 했다.

COMPASS TRAVEL

Contents

COMPASS TRAVEL

유럽

Contents

2007년 12월 겨울, 쏜살같이 또 한 학기가 끝나고 일주일이 지나도록 인천 자취방에서 할 일 없이 빈둥거리고 있었다. 찬 공기를 잔뜩 뒤집어쓴 겨울 이불이 무겁게 나를 누르던 날, 오후 늦게 일어나 그 공기를 가까스로 밀쳐 가며 학교 선배인 하연 형을 만나러 갔다.

따뜻한 식당에 들어가 순두부찌개를 시키고 앉은 나는 고민을 형에게 녹여내기 시작하였다. "형, 난 아직 나에 대해서도 잘 알지 못하는데 주변에서는 하고 싶은 것이 무엇이냐고 다그쳐 묻고 있어요. 아니, 하고 싶은 것이 아니라 해야 하는 것을 강요하듯 묻는 거죠."

20대 대학생들이 늘 그렇듯, 나도 이상과 현실 사이에서 방향을 정하지 못하고 있었다. 현실을 살고 있는 사람들의 조언은 너무 진부해 보였고, 이상을 좇는 사람들의 이야기는 나와 동떨어진 세계 같았다.

몇몇 친구들은 나에게 어학연수를 권했지만 선뜻 결심이 서지 않았다. 군대까지 다녀와서 부모님께 거액의 어학연수 비용을 부담시켜드리기도 싫었으며, 무엇보다도 스물다섯 살, 다시 올지 모르는 일 년을 단지 영어를 배우는 일에 쓴다는 것이 내키지 않았던 것이다.

나의 고민을 들은 형이 말했다. "형이 봤을 때는 영어다, 문화 체험이다 해서 외국에 나가서는 생각처럼 영어도 안 늘고 또 외롭다고 한국인들 만나서 이야기하고 놀다 보면 일 년 훌쩍 가버리는 것이 어학연수인 것 같아. 재혁아, 그러지 말고 이런 건 어때? 세계 곳곳에는 여러 가지 일이나 봉사활동을 할 수 있는 곳이 많아. 세계 곳곳의 청년들이 모여 함께 땀 흘려 일하고 있지. 일하며 보람도 찾고 세계인과 함께 생활하다 보면, 힘들겠지만 가치 있는 일 년이 되지 않을까?"

형을 만나고 돌아와 내 방이 있는 건물 4층까지 계단을 걸어 올라가는 길에, 주인집의 초인종을 눌러 방을 당장 빼야 할 것 같다고 말하고 들어왔다. 방에 들어와서도 가만히 앉아 있을 수 없어 우왕좌왕하다가 책상 위에 앉아 노트를 꺼내 다짐들을 써나가기 시작했다.

브리즈번에서 정원사로 일하다

조이 아주머니와의 만남

농장의 일과

물라바의 친절한 의사

호주 어학연수의 안타까운 단면

자연이 주는 행복

아름다운 항구 도시 시드니

동화같은 마을 틸바에서 정원사로 일하다

퍼머컬처

이민이라는 낯선 질문

멜버른 백패커스 무전취식

브리즈번에서 정원사로 일하다… 2월 7일~2월 17일

조이 아주머니와의 만남… 2월 7일

　3일 전 호주 브리즈번에 도착해 호스텔에 자리를 잡고 우프 일자리를 구하는 일로 하루하루를 보내고 있었다. '우프(WWOOF)'란 개인 농장에서 4~5시간 노동력을 제공하고 그 대가로 음식과 숙박을 제공받는 시스템이다. 농장 주인과 노동자 사이에 돈이 오고 가는 워킹 홀리데이와 달리 금전적인 계산을 하지 않는 우프는 현지인과 여행자가 서로 돕는 형태이기 때문에 좋은 관계 속에서 생활할 수 있다는 장점이 있다. 이틀 전 농장 주인에게 보내놓은 메일에 모두 답장이 와 있었다. 허락해준 농장 주인 중 한 명에게 전화를 걸어 환영의 말을 듣고, 버스 터미널에서 만나기로 약속하였다.

약속 장소에서 만난 그녀의 이름은 조이, 매우 친절한 40대 후반의 아주머니였다. 그녀의 차를 타고 1시간 정도를 달려 도착한 그녀의 농장은 실로 아름다웠다. 그 농장 너머 푸른 언덕 위에 영화같이 아름다운 그녀의 집이 보이기 시작하였다.

농장의 일과

그곳에서 나의 일과는 이러했다. 오전에는 정원 정리하는 일을 했는데 과수에 가지치기를 하거나 잡초를 뽑는 일, 거름을 주는 일이었다. 내게 익숙하지 않은 일이기도 했지만, 이국의 정원에서 일한다는 상황 자체가 낯설었기에 쉽지 않은 일이었다.

오전 일이 끝나면 오후에는 자유 시간을 가졌다. 자유 시간에는 근처 구경을 가거나 아주머니를 따라다니며 이런저런 대화를 나누었다. 저녁에는 집 옆에 마련된 풀장에서 조이의 두 아들과 수영을 즐길 수 있었다. 언덕 위에 있는 풀장에서 수영하며 건너편 산으로 지는 노을을 바라보면 아름다운 자연 속에서 뛰노는 아이들이 부럽기도 했다. 수영을 마치고 샤워를 한 후 저녁 식사를 하러 식당으로 가면, 가족들과 함께 푸짐한 저녁을 먹을 수 있었다.

그들의 목가적인 분위기와 맛있는 식사 그리고 유쾌한 대화로 나의 어색함은 조금씩 지워져가고 있었다.

물루라바의 친절한 의사

주말을 이용하여 근처 해변에 놀러 갈 계획을 세웠다. 마침 나와 비슷한 시기에 호주에 온 하연 형(나에게 봉사 여행을 제안했던 형)이 근처에 있다는 메일을 받았고, 형과 주말을 함께 보낼 수 있었다. 우리는 아름다운 물루라바(Molulaba) 해변에서 즐거운 시간을 보냈다.

그런데 형을 만나던 날 저녁, 열이 나고 몸이 으슬으슬하더니 몸살기가 들기 시작했다. 인천공항에서 황열병 예방주사를 맞을 때 의사가 4~5일 후 나타날지도 모른다고 말했던 바로 그 증상이었다. 그렇다고 돈이 얼마나 들지도 모르는 병원을 무작정 찾아가기도 어려웠다.

저녁 7시가 넘자 증상이 더 심해졌고, 난 할 수 없이 근처 병원을 찾아야 했다. 병원에 도착했지만 이미 문이 닫혀 있었고 내려진 셔터 안을 힘없이 들여다보고 있을 때, 가죽옷을 입고 오토바이에 시동을 걸던 폭주족 하나가 나에게 다가오는 것이 보였다. 하필 이럴 때 호주의 갱스터를 만나는가 보다 하고 방어 자세를 취하는데, 그가 헬멧을 벗더니 나를 보고 웃으며 셔터를 열기 시작했다. 머쓱하게도 그는 퇴근하던 의사였다.

그는 황열병 주사를 맞은 사람에게 나타나는 일시적인 현상일 뿐이라고 말하며 약 1갑을 내밀었다. 약값을 물으니 시원스레 100달러라고 얄밉게 대답하였다. 난 돈이 없으니 두 알만 별도로 살 수는 없겠냐고 물었다. 그는 장난스런 웃음을 짓고는 농담을 한 거라며 사실은 공짜라고 하는 것이다.

외국인과 자국인에 상관없이 사람이 아플 때 돈 걱정 없이 치료받을 수 있는 나라, 그런 나라가 선진국이 아닐까?

호주 어학연수의 안타까운 단면

주말을 함께했던 하연 형과 헤어지고 올라탄 버스에서 한국인 유학생 한 명을 만났다. 그는 근처 선샤인 코스트 대학에서 어학연수를 하고 있었고 호기심에 그를 따라나섰다.

대학에 부속으로 설치된 언어연수 과정에서는 언뜻 보기에도 많은 동양인이 공부하고 있었다. 수업에 집중하여 배우고 있는 모습은 여행으로 영어를 배우겠다고 덤비는 나에게 조금은 부러운 모습이었다.

그런데 쉬는 시간이 되고 100여 명의 학생들이 종소리에 맞추어 복도로 쏟아져 나왔을 때, 학생들은 국적에 따라 크게 한국, 중국, 일본 이렇게 세 집단으로 나뉘어 각기 모국어로 이야기하고 있었다.

모국어를 쓰는 그 자체를 비난할 순 없겠지만 이런 식이라면 한국에서 어학원을 다니는 것과 다를 게 무엇인가? 난 그래도 이들이 한국에서는 접할 수 없는 문화 체험을 하고 있을 거라고 생각하고 이해했다. 하지만 돌아오는 버스에서 우연히 함께 타게 된 한국 학생들 무리를 보고 그 생각마저 부정적이 되었다. 그들은 호주 뒷골목의 퇴폐 문화와 한국인끼리의 술자리에 대해 말하였다. 또한 기껏 교류하는 호주인이라고 해봐야 하숙집 아주머니와 학원선생님이 전부라고 떠들고 있었다.

그 학생들이 하고 있는 문화 체험이란 과연 무엇일까? 혹시 호주 문화를 체험하는 것이 아니라 호주 안에 작은 한국을 만들어놓은 것은 아닐까? 이 모든 생각이 호주 어학연수의 일부분만을 보고 성급한 판단을 한 것이길 빈다.

자연이 주는 행복

농장에서 머문 지 일주일 반이 지나고, 시드니로 가기 위해 그 가족과 헤어지게 되었다. 이곳에 머물며 한 가족이 자연 속에서 어떻게 조화를 이루며 어떤 방식의 삶을 살아가는지 잠시나마 엿볼 수 있었고, 낯선 이방인을 기꺼이 가족으로 맞아주는 사람들의 친절함을 느꼈다.

자연이 가르치는 행복의 비밀을 어릴 적부터 배워온 이들에게는 뭔가 특별한 친절함과 마치 오래전부터 알고 지낸 것 같은 친숙함이 있었다.

행복은 자연을 거스르지 않는 삶의 방식과 함께한다.

아름다운 항구 도시 시드니··· 2월 17일~21일

조이 아주머니 가족과 헤어져 시드니에 도착하였다. 호스텔에 머물며 주변을 구경하는 일과 다음 농장을 구하는 일을 함께 하며 4일을 머물렀다. 일을 하지 않고 머무는 기간에는 늘 금전적인 압박을 받아야 했다.

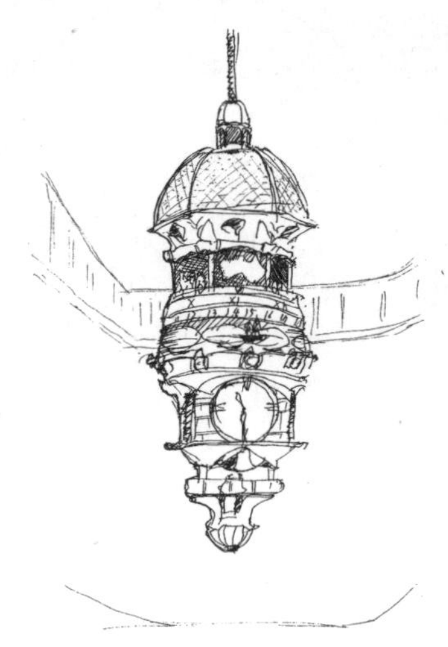

퀸 빅토리아 빌딩 시계탑

 10~12세기에 중세 유럽 전역에서 발달
한 로마네스크 양식으로 지은 건물로 현
재 200여 개 상점이 입점해 있었다. 매시
정각에 시계탑에서 펼쳐진다는 짤막한
인형극을 보기 위해 11시가 되기를 기다
리며 벽시계를 스케치하였다.

오페라 하우스

 호주를 대표하는, 세계에서
가장 아름다운 건축물 중 하나
이다. 1957년 국제 설계 공모
전에서 당선된 덴마크의 건축
가 욤 우촌(Jorn Utzon)에 의
해 탄생되었다.
이 건물을 바라보며 감탄하는
데만 꼬박 8시간이 걸렸다.

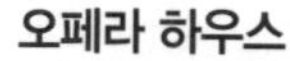

동화 같은 마을, 틸바에서 정원사로 일하다

시드니 시내에 머물며 몇 몇 농장 주인에게 보낸 메일의 답문을 기다리던 중, 다행히 한 농장 주인의 허락 메일을 확인하였고, 아침 일찍 틸바(Tilba)라는 작은 마을로 향했다. 버스를 타고 6시간을 달리니 동화 같이 아기자기한 마을에 도착할 수 있었다. 그곳에서 미리 마중 나온 주인 할아버지를 만나 차를 타고 한적한 시골 길을 3킬로미터 정도 더 달리니 아름다운 전망을 가진 언덕 위 외딴집이 보이기 시작하였다.

정문에서 집을 향해 나 있는 좁고 긴 길을 따라 정원수들이 촘촘히 심어져 있었다. 집을 둘러싸고 있는 넓고 잘 정돈된 정원을 지나 단층의 목조 주택에 들어갔다. 그리고 집 앞쪽으로 돌아 나와 테라스를 처음 봤을 때, '아!' 하는 탄성이 절로 나왔다. 목초지에 넓은 잔디밭이 깔려 있고 그 너머로 눈부신 바다가 펼쳐져 있었던 것이다.

잠시 후 주인 할머니가 나를 맞았다. 그녀의 이름은 로즈. 녹차를 마시며 서로에 대하여 간단히 이야기하였다. 그녀는 내가 일주일 이상 이곳에 묵기를 바랐으나, 난 6일 후에 떠날 계획이라고 말했다. 좋은 방과 음식을 대접받고 저녁 무렵 바다가 보이는 집 앞 잔디밭 언덕에 누웠다.

퍼머컬처

이 노부부는 퍼머컬처를 몸소 실천하고 있는 사람들이었다. 퍼머컬처란 지속가능한 농업 혹은 문화의 합성어로, 자원을 효율적으로 활용하고, 폐기물을 줄이며, 그 폐기물을 새로운 방식으로 활용하여 순환시킨다는 개념이다.

주인 할머니 로즈는 항상 나와 함께 일하며 어떻게 물이 부족한 이곳에서 친환경적인 방법으로 이처럼 아름다운 정원을 만들 수 있는지를 나에게 열정적으로 설명해주었다.

오전에는 로즈 할머니와 함께 과일나무에 빗물을 집수한 물을 주고, 잡초를 뽑고, 길을 내고, 자연 거름을 주었다. 로즈 할머니는 지금 하고 있는 일이 왜 필요한지 그리고 왜 이 농법이 친환경적인지를 설명하면서 가끔씩 새, 꽃, 풀, 나무의 이름같이 세세한 것까지 알려주었다.

오후에는 바다에 뛰어들어 수영을 하거나 돌 사이사이를 들여다보며 조개나 게 따위를 찾아보기도 하였다.

이민이라는 낯선 질문

어느 날, 저녁 시간에 맞추어 거실로 올라가니 데릭 할아버지가 혼자 밥을 준비하고 계셨다. 그날은 로즈 할머니가 매주 한 번 스포츠 댄스를 하러 가는 날이라 그녀가 준비해놓은 저녁을 데워 먹어야 했던 것이다. 저녁을 맛있게 먹은 뒤, 데릭 할아버지는 직접 만든 맥주를 꺼내 왔고, 그 독특한 맥주를 함께하며 우리는 정말 많은 이야기를 하였다.

할아버지는 스무 살 젊은 시절에 영국에서 호주로 일자리를 찾아왔고, 호주에 온 지 3년 만에 이민을 결정하였다. 아이들은 모두 성장해 다른 도시에 살고 있으며, 요즘 그는 영국에 있는 104세 된 어머니의 안락사를 고민하고 있었다. 이젠 듣지도 보지도 못하는 그녀가 세상과 조용한 이별을 원하고 있었기 때문이다. 하지만 그는 쉽게 결정을 내리지 못하고 있었다.

사랑하는 어머니와 형제들과 멀리 떨어져 살아야 하는 것이 젊은 시절 이민을 결정한 그에게는 어떤 의미일까? 그에게 물었다.

"할아버지는 타국에서의 오랜 삶 속에서 행복을 찾으셨나요?"

"세상에서 가장 살기 좋은 기후와 환경을 찾아 이곳에 왔고 후회하지는 않아. 다시 그때로 돌아간다 해도 나의 결정은 같을 거야. 잭, 너도 진지하게 생각해봐. 네가 생각이 있다면 초반에 정착할 때까지 내가 도와줄 의향이 있네."

대화를 끝내고 복잡한 마음으로 집 앞 언덕 위에 앉았다. 어둠을 따라 언덕을 내려오던 솔바람도 이 달밤에는 숨지 못하고 풀밭을 쓸어내리며 나에게로 왔다. 바람이 내 가슴을 허전하게 쓸어내렸을 때 난 느낄 수 있었다. 내 마음은 흔들리고 있었다. 지금까지는 호주를 그저 부러운 눈으로 바라보기만 했지만, 어쩌면 나도 더 나은 새로운 환경을 찾아 이곳으로 이주할 수 있지 않을까?

난 이 물음을 가지고 여행을 계속할 것이다.

그 답을 이 여행이 끝나기 전에 찾을 수 있을까?

한국을 떠나서도 행복할 수 있다면….

멜버른 백패커스 무전취식... 2월 27일~3월 6일

　6일 동안 일하면서 정이 흠뻑 든 사랑스러운 노부부와 아쉬운 작별에 인사를 하고 틸바를 떠나 멜버른에 도착하였다. 남아공으로 떠나는 비행기 일정이 일주일 앞으로 다가와 있었고, 새로운 농장을 구하기에는 시간적 여유가 없어서 일주일간 멜버른 시내에 머물기로 하였다. 그렇게 멜버른 시내의 한 백패커스에 묵기 시작한 지 이틀째. 하루하루가 지날수록 숙박비가 큰 부담이 되었고, 이틀째가 되어도 숙소 측에서 숙박자 조사를 하지 않는 것을 보고 삼 일째부터는 돈을 내지 않고 도미토리 방(한 방에 침대가 여러 개 있는 방) 바닥에서 자기 시작하였다.

　방에는 이층 침대가 3개 놓여 있었고 빈 침대가 있는 날에는 침대에서, 사람이 다 찬 날에는 바닥에서 잠을 잤다. 매일 밤 노크하는 소리에 가슴이 철렁하는 불안한 생활이었지만, 내 처지를 이해하는 같은 방 친구들의 도움 덕분에 일주일을 버틸 수 있었다. 도덕적으로 부적절한 행동이었지만 가난한 여행자의 작은 일탈로 이해해주길 바란다.

　오전에는 멜버른 도서관에서, 오후에는 멜버른 박물관에서 하루 종일 시간을 보냈다. 특히 멜버른 박물관에 무료 가이드 서비스를 매일 신청하며 주어진 조건에서 영어를 배우려 노력하였다. 숙소에서 나를 숨겨주고 챙겨주었던 정든 여행자들과 작별하고 3월 6일 남아공으로 향하는 비행기에 올랐다.

왕립 전시관(Royal Exhibition Building)

1880년과 1888년 멜버른 국제박람회를 개최
하기 위하여 지은 건물. 비잔틴 · 로마네스크 ·
롬바르디아 · 르네상스 · 양식이 혼재되어 있다.

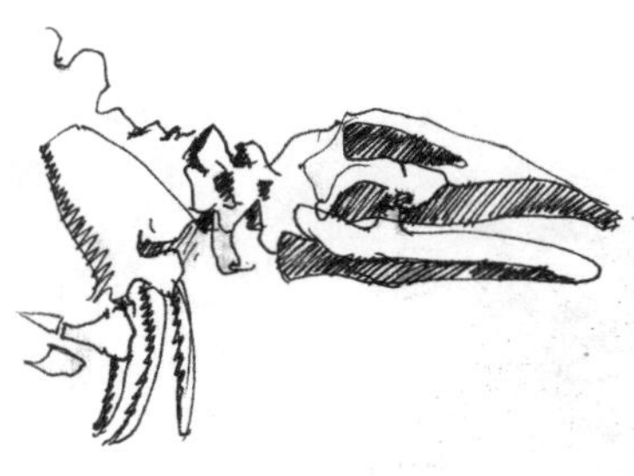

멜버른 박물관

오스트레일리아 빅토리아주(州) 멜버른
(Melbourne) 칼튼 공원 안에 있다.
1854년에 문을 열었으며, 7개의 전시관
이 있다. 대왕고래의 전체 뼈 전시물이
보고 싶다면….

AFRICA

검은색 피부를 가지고 검은 땅 아프리카에서
태어난 그들의 삶과 그 안의 행복은 과연 무엇
일까? 혹시 나는 철없는 질문으로 그들을 당
혹스럽게 하진 않았을까?

- 본문 중에서 -

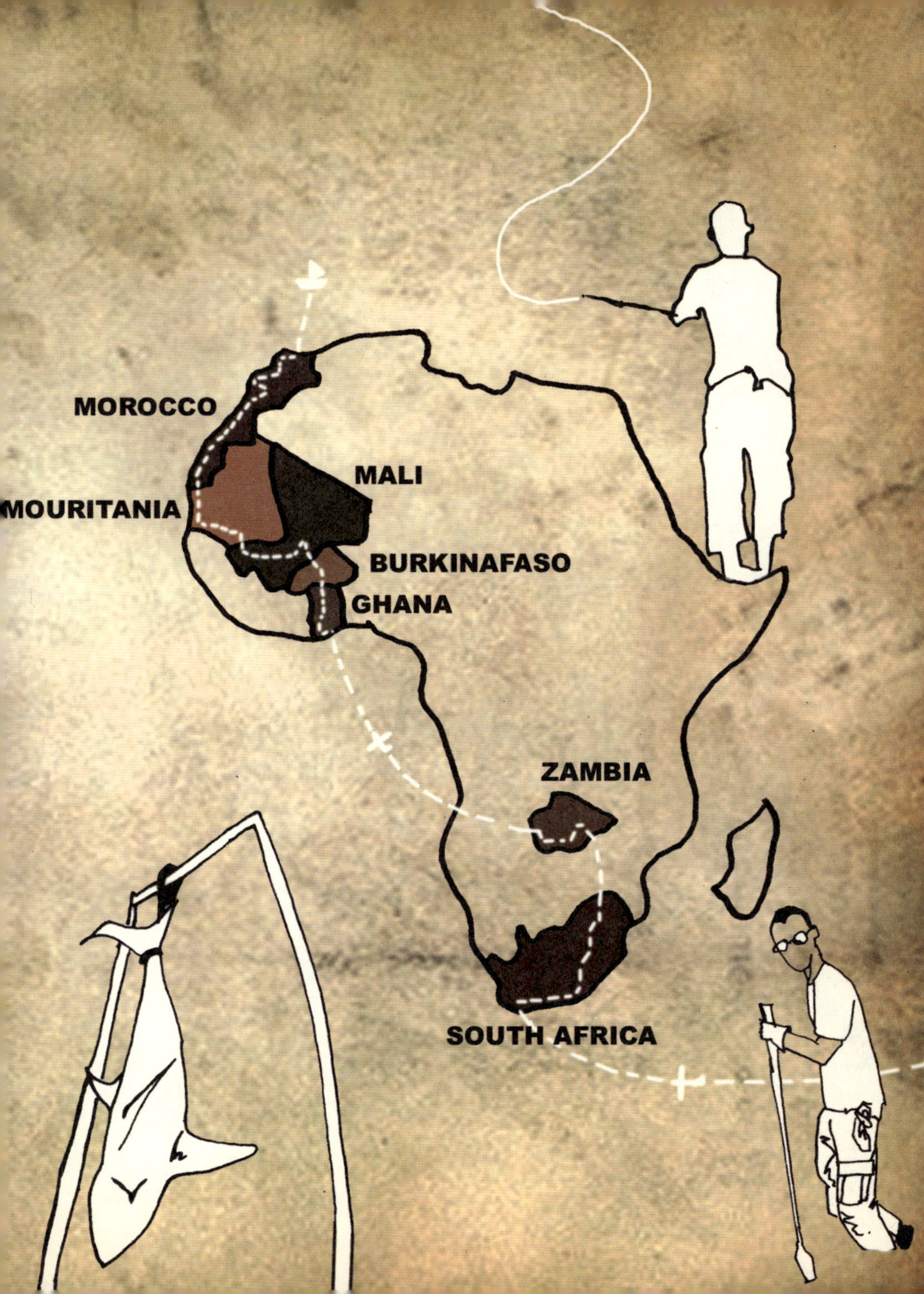

MOROCCO
MOURITANIA
MALI
BURKINAFASO
GHANA
ZAMBIA
SOUTH AFRICA

SOUTH AFRICA

행복했던 케이프타운에서의 두 달

로빈아일랜드에 가다

단순한 생활이 이끄는 명료한 신념

꽃 한 송이의 행복

사랑은 단순하다

가든 루트, 아름다운 정원의 길

화가 할아버지와 함께한 출사

기타리스트와 히피의 하모니카

두 개의 낚시대가 필요하지 않느냐는 물음

KEEP CRAZY!

걸인에게서 배우다

가난한 자유의 의미

난 셔터만 누르고 있었다

사회적 책임과 역할에 대하여

여행의 외로움

컴퓨터 선생님으로 일하다

마마

저녁 주점

천사들과의 축구

내가 배운 것들

감사합니다

나의 작은 친구, 주키사니

천사들과의 이별

프리토리아에서 만난 친구, 존 할아버지

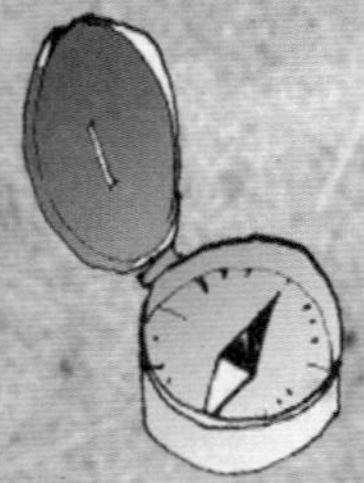

행복했던 케이프타운에서의 두 달...

2008년 3월 7일, 남아프리카 공화국에 도착하였다. 이곳에서 두 달 정도 정착하면서 보다 깊은 만남들을 가지고 싶었다. 남아공의 늘 화창한 여름 날씨와 바다가 바로 보이는 케이프타운 시포인트(Capetown Seapoint)에서 살면서 나의 생활은 바다를 중심으로 이루어졌다. 오전에 인근의 있는 영어 학원을 다녀오면 점심을 먹고 친구들과 바다로 뛰어들었다. 저녁에는 여러 친구들과 함께 요리를 하였고, 식사 후에는 온몸이 흠뻑 젖도록 춤을 추며 놀았다. 밤에는 숙소로 돌아와 같이 사는 친구들과 이야기하며 밤을 지새웠다. 미스 앙골라 출신 흑인 미녀 이사벨과 사우디아라비아 전통 무슬림 압둘하, 앳된 독일 백인 소녀 다니엘라, 똑순이 크리스찬 스테피와 한집에 살며 우리의 이야기는 국적, 문화, 인종, 종교를 넘나들었다. 한 가지 주제가 정해지면 밤늦도록 자신의 관점의 이야기를 하며 공감을 구했고, 또 다른 사람의 이야기를 들으며 그 관점의 차이를 신기해 하였다. 특히 사우디아라비아 친구 압둘하와는 서로의 문화와 인생, 종교에 대해 깊고 소중한 대화를 많이 나누었다. 그렇게 다양한 나라의 친구들과 지내며 각각의 차이를 알게 되고 그 차이점 안에서 본질적인 공통점을 발견할 수 있었다.

이 장에서는 남아공에 도착했던 3월 7일부터 다시 여행을 떠났던 5월 10일까지 한곳에 머물며 살았던 2개월간의 추억을 담은 일기장에서 몇 편을 추려 사진과 함께 실어보았다.

로빈아일랜드에 가다... 4월 1일

케이프타운 워터프런트에서 배를 타고 30여 분 바다로 들어가면 만날 수 있는 섬 로빈아일랜드는 노벨 평화상을 받은 남아공 전 대통령 넬슨 만델라가 인종 차별 정책에 항거하며 18년을 복역한 곳으로 유명하다. 섬 전체가 하나의 감옥으로 지어진 이곳을 둘러보며 느꼈던 생각의 기록들을 엮어보았다.

단순한 생활이 이끄는 명료한 신념

　넬슨 만델라는 종신형을 선고받고 이 섬에 18년간 갇혀 지냈다.
　실제 이곳에서 옥살이를 했던 한 노인이 처참했던 수용 생활을 담
담히 관광객들에게 이야기하면 그들은 쯧쯧 혀를 차며 놀라워한다.
　하지만 난 어쩌면 만델라에게 이 수용 기간은 꼭 필요했던 시간이
아니었을까 생각한다.

　넬슨 만델라,
　그의 옥중 생활은 단순 명료하였고
　굳은 신념 안에서 이성은 냉정했을 것이다.
　어느 달밤, 눈 감고 조용히 묵상하던 그는 깨달음을 발견했고,
　세상이 그를 기억해 다시 불러 기회를 주었을 때
　그가 한 말은 용서와 화해였다.

꽃 한 송이의 행복

오늘 난 꽃 한 송이를 심었다.
이 감옥 어디에도 한 송이 꽃을 찾을 길 없어
벽 귀퉁이 볕이 알맞은 곳을 어루만져
노란 꽃 한 송이를 심었다.
난 오늘 화려한 정원을 가진 그 누구보다 행복하다.

– 감옥 어느 방에 그려져 있던 꽃을 보고… –

사랑은 단순하다

모든 것을 단순한 원리 안에 가두려는 내 사고의 집착은
사랑도 두 덩이 찰흙을 빚어 하나를 만들 듯 설명하려 하고 있다.

그렇게 의도적으로 단순해지려는 생각들과 실제로는 복잡하기만 한
내 행동들 사이에 서서 어느 것이 내 것인지 몰라 움츠렸다가

기어코 단순함을 향하는 것에 억지로 나를 끌어다 놓는다.
사랑도 이토록 단순하다면….

– 시포인트 해변 방파제 위에서 서로를 꼭 껴안은 한 쌍의 연인을 보고… –

가난한 자유의 의미

저녁 식사 후에 서핑을 즐기는 사람들을 한참 바라보다가 천천히 집으로 걸음을 옮기는데 주차 팁을 받아 하루를 사는 흑인들을 만났다. 서너 개의 가벼운 화제를 건넨 후에야 내가 묻고 싶은 질문을 할 수 있었다.

"만델라가 자유를 외치기 전과 후의 차이는 무엇인가?"

"헤이 친구, 이제 나도 저 음식점에서 저들과 함께 식사할 수 있어. 나도 여기서 주차 팁을 받는 대신 이곳에 내 차를 주차할 수 있을 거야. 하지만 난 이 모든 것을 할 수 없어. 돈이 없으니까. 제기랄, 난 자유보다 빵 한 조각을 원해. 자유는 나에게 아무것도 해준 것이 없다."

"음… 너의 고단한 생활 속에서도 행복이 있다면 그때는 언제야?"

"돈이 없으면 행복도 없다. 하지만 난 좋은 친구들을 만나 이야기할 때 겉으로는 잘 표현되지 않지만 속으로는 깊은 행복을 느낀다."

자유가 이 땅에 왔다고 한다. 자유는 이들에게 어떤 의미일까? 배고픈 자유 속에서 그들의 행복은 어떻게 해석되고 있을까?

이제 이 나라에 더 이상의 인종 차별은 없다.
다만 서핑을 즐기는 사람들과
그들의 주차 팁을 받는 사람들이 있을 뿐.

- 케이프타운 시포인트 거리에서…

난 셔터만 누르고 있었다…

내 발 앞에 과자 한 봉지가 툭 하고 떨어졌다. 방금 내 앞을 쏜살같이 달려 지나간 아이의 작은 손이 두 봉지 중 한 봉지를 끝내 놓친 것이다.

난 갑작스레 벌어진 상황에 멀어져만 가는 아이를 멍하니 쳐다보고 있었다.

그때였다. 나의 오른편에 앉아 있던 걸인들 중 한 명이 일어선 것은…. 그가 내 발 앞의 과자를 줍기 위해 달려왔고, 내 발 앞에서 막 머리를 숙였을 때, 난 그의 몸짓 하나하나를 하찮게 여기기 시작했다.

그런데 순간, 그는 과자를 쥐고 아이를 향해 뛰기 시작했다. 구부러진 왼쪽 다리를 오른쪽 다리로 힘겹게 끌며 왼손에 과자 봉지를 하늘 높이 추켜올리고 온몸을 구겨가며 뛰고 있었다.

길 끝에 이르러서야 아이가 손이 가벼워진 것을 느끼고 온 길을 되돌아봤다.

걸인은 멈추어서 과자 봉지를 오른손에 바꿔 들고 거친 숨을 고르며 아이가 되돌아오기를 기다렸다.

걸인이 되돌아와 내 앞을 조용히 지나가고 있을 때 나는 그의 앞에 머리를 조아리고 싶었다. 그의 뒷모습을 바라보며 셔터를 눌렀다.

그가 온몸으로 뛰고 돌아오는 동안 난 두툼한 손가락으로 셔터만 누르고 있었다.

사회적 책임과 역할에 대하여…

　시청 앞에서 시위를 벌이고 있는 사람들을 만났다. 머리에 붉은 띠를 두르고 두 주먹을 움켜쥐며 고함이라도 힘껏 지르는 것이 시위라고 생각했던 나의 고정 관념을 무너뜨리며 그들은 춤추며 노래하고 있었다. 가끔 서너 계단을 빠르게 오르다가 되돌아오거나 시청을 향해 손가락을 치켜드는 춤 동작을 통해 그들이 무언가 주장하고 있다는 것을 짐작할 수 있을 뿐이었다.

　그리고 그들 뒤편에 앉아 있는 아이를 보았다. 아이는 그들이 왜 여기에서 목청이 터져라 노래 부르고 있는지, 왜 춤을 추는지 모른다. 그저 그들의 웃음 속에서 이 다음엔 좋은 변화가 있을 것이라는 막연한 기분이 들 뿐이다.

　언젠가 거실에서 TV를 보던 압둘하(사우디아라비아 친구)가 나를 다급하게 부른 적이 있다. TV에서는 70~80년대 한국의 민주화 운동 당시 치열했던 시위 현장이 방영되고 있었다. 그는 현재의 한국 상황으로 오해하고 한국에 전쟁이 일어난 거냐며 놀라 물었다. 그의 표현대로 한국의 당시 모습은 전쟁터를 연상케 할 정도로 아비규환이었다. 최루탄과 민중을 향한 몽둥이질이 난무하는 모습들….

　난 저 뒤편에 앉아 있는 아이와 20년 전의 나를 연결 지어 생각해 본다.

　내가 이전 세대로부터 받은 것은 무엇이며
　　내가 다음 세대를 위해 할 수 있는 일은 무엇일까…

여행의 외로움

외로움은 삶의 부분이 아닌 전체이다.
외로움은 벗어나야 할 음지가 아닌 늘 우리와 함께 있는 그림자 같은 것이다.
사랑하는 사람과 함께 있어도 외로움을 느끼는 것은
외로움은 사라지고 나타나는 성질의 것이 아니기 때문이다.

여행은 외로움을 따라 나를 찾아가는 것이다.
혼자 걷는 길을 따라 무언가에 답해보는 것이다.
혼자 가는 여행이 외롭지 않느냐고 묻는다면 난 할 말이 없다.

                    − 시그널 힐에서 홀로 일몰을 바라보며… −

가든 루트, 아름다운 정원의 길… 5월 12일

케이프타운에 머문 지 한 달이 넘어가자 다시 몸이 근질거렸고, 본격적으로 아프리카 여행의 루트를 짜기 시작하였다. 이미 루트가 많이 개척된 동아프리카와는 달리 서아프리카는 자료를 구하기 힘들었다. 현지 여행사에서도 정보는 주지 않고 서아프리카에 혼자 가려면 장총을 가지고 가라는 농담과 실소뿐이었다. 2개월 만에 다시 떠나는 여행길에서 친구들과의 이별은 힘들었지만, 한 달 전부터 이미 내 마음은 자유에 대한 갈망으로 가득 차 있었다.

또 다른 여행의 시작에서 난 무엇이 꼭 필요한지 저울질했다. 내 등뼈가 짊어질 수 있는 만큼만, 조금 불편하더라도 없어도 될 것들, 때론 옷과 음식보다 더 소중한 것들을 챙겨 짐을 꾸려놓고 보면 주위를 둘러싸고 있던 복잡한 상황들과 무거운 기분들은 끝내 들어갈 공간을 찾지 못하고 배낭 밖에 버려지는 것이다. 그 홀가분함 속 자유로운 기분이 난 참 좋다.

일단 내가 이동하게 될 가든 루트는 남아프리카 공화국 남단의 케이프 반도로부터 동쪽으로 760킬로미터 떨어진 레시페 곶까지 이어지는 N2 고속도로 주변의 자연 녹지대를 일컫는다. 정적이 깃들인 호수와 늪지대, 야생화로 뒤덮인 초원 등은 '정원의 길'이라는 이름이 붙을 만큼 아름다운 곳이라는 설명을 듣고, 내 다음 목적지는 자연스럽게 그곳으로 결정되었다.

화가 할아버지와 함께한 출사

이틀 전 버스를 타고 케이프타운을 떠나 가든 루트에 들어섰고, 어제 작은 항구 마을 나이즈나에 도착했다. 숙소에 짐을 풀고 이곳저곳을 구경하였고, 오늘은 오전 일찍 워터프런트로 나갔다. 그림을 끼적이고 무언가 적다가 벤치에 누워 하늘을 보며 한창 게으름을 피우고 있는데, 거리에서 그림을 그리는 할아버지가 내 옆에 앉았다.

우리는 말없이 한참을 같은 벤치에 앉아 있었다. 그는 가끔 제자리로 돌아가 그림을 마저 그렸는데, 그때마다 난 그의 모습을 그렸다. 그가 다시 돌아와 내 옆에 앉았을 때 내가 긴 침묵을 깨며 물었다. "실례합니다. 어떻게 하면 작은 배를 빌릴 수 있는지 알고 계신가요? 어제 여기에서 노을을 보다가 우연히 조그만 배를 타는 사람들을 봤는데 오늘은 저도 배 위에서 노을을 보고 싶어서요."

그는 그렇지 않아도 어제 부둣가에 앉아 한참을 노을만 바라보고 있는 나를 봤다며 잠시 생각하는 듯싶더니 친구가 작은 보트를 가지고 있다며 선뜻 항구 경비 한 명을 불렀다. 그에게 보트에 대해서 묻자 그는 내일 시간이 난다며 함께 가기로 약속했다.

"이봐, 그런데 오늘은 나와 출사를 가지 않겠어? 좋은 곳을 알고 있는데."

그래서 그날 오후 5시, 약속 시간에 워터프런트에서 다시 그를 만났다. 그는 항구 한가운데에 있는 지금은 못쓰게 된 철로로 나를 안내했다. 그리고 그에게 썩 잘 어울리는 고풍스러운 수동 필름 카메라를 꺼냈다. 그는 담배를 꺼내 물고 빛을 기다리다가 한 컷 한 컷 신중히 셔터를 눌렀다.

디지털 카메라가 필름 카메라의 색감을 따라갈 수 없다는 것은 알고 있었으나 그 깊은 신중함 또한 흉내내기 어려웠다. 한 컷을 찍고 결과물을 재빨리 확인하는 나와는 달리 그는 한 컷을 찍은 뒤 풍경을 음미했다.

출사에서 돌아온 뒤 그는 친구가 기타리스트로 일하고 있는 근처 팝으로 나를 안내했다.

기타리스트와 히피의 하모니카

　기타리스트의 이름은 조지아, 내가 팝에 들어섰을 때 그는 하얀 콧수염과 희끗한 머리를 붉은 조명 빛으로 물들인 채 한창 연주하는 중이었다. 소란스러운 팝의 분위기 때문에 그의 음악을 향한 사람들의 집중도는 연주의 시작과 함께 모였다가 흩어지고 음악의 끝에서야 박수와 함께 돌아오곤 했다.

　하지만 그의 음악은 무대가 작아 보일 정도로 아름다웠다. 연주 중에 그가 내 옆에 있던 나이 든 히피에게 물었다.

　"헤이, 친구! D 코드 하모니카 가지고 있나?"

　"어디 보자… 어, 이건 C고 이건 A… 없는 것 같은데… 아, 여기 있다 D!"

　그렇게 시작한 기타와 하모니카 합주. 히피는 작은 하모니카를 물고 술기운을 온몸 가득 실어 불었고, 그들의 즉흥 연주는 거기 앉아 있는 6~7명만이 듣기에는 너무 아름다웠다. 그는 젊은 날에는 피아노를 연주하다가 기타를 연주하기 시작했으며, 자신의 모든 인생을 음악으로 채워가고 있었다.

　그는 감자 칩을 한 접시 가득 시켜 우리와 나눠 먹으며 천천히 이야기를 이어나갔다. 즐거운 대화를 끝으로 내가 일어날 채비를 하자 그는 말없이 무대로 올라가 기타를 잡았다. 그의 작별 인사였다. 그는 반주기를 끄고 기타로만 이루어진 음악을 연주하기 시작하였다. 그 곡은 정말 아름다웠다. 나는 넋을 잃고 그의 연주에 빠졌다.

두 개의 낚싯대가 필요하지 않느냐는 물음

아침에 눈을 뜨니 어제 들었던 조지아의 기타 연주가 귓가에 맴돌았다. 오늘은 나이즈나 항구에서 조금 먼 바다로 나가보기로 결심하고 화가 할아버지에게 자전거를 빌렸다. 자전거로 2시간을 달려 한적한 해안가에 도착했다.

그곳에 홀로 낚시를 하고 있는 낚시꾼 한 명이 있었다. 낚시를 하며 하루하루를 연명하는 가난한 흑인이었다. 그는 나를 반갑게 맞으며 낚시하는 법을 자세히 가르쳐주었다.

내가 그에게 던진 많은 질문 중에 가장 바보 같은 질문이 하나 있다.

"이봐, 낚싯대 하나를 더 사지 그래? 그러면 더 많은 고기를 잡을 수 있고 레스토랑에 더 많이 팔 수 있을 텐데 말이야."

"나는 집에 낚싯대 하나를 더 가지고 있어. 하지만 난 하루에 30랜드 버는 것으로 족해. 더는 필요하지 않아…. 이봐, 친구! 그보다 저 바다를 봐! 아름답지 않아?!"

나의 질문은 두 개의 낚싯대가 필요하지 않느냐는 것이었고, 그의 질문은 바다가 아름답지 않느냐는 것이었다….

Keep crazy!(그 광기를 간직해!)··· 5월 17일

나이즈나에서 버스를 타고 스톰스 리버(Storms River)에 도착하였다. 캠핑 장소에서 하룻밤을 자고 아침에 일어나, 이곳에 온 이유인 세계 최고 높이 216미터 번지 점프를 하기 위해 점프장으로 이동하였다.

설명은 간단했다. 최대한 다리에서 멀리 뛰어라. 내 차례가 되었다. 발을 묶을 때는 몰랐지만 점프대 앞에서 발가락을 허공에 내밀고 아찔한 아래를 내려다보니 가슴이 철렁하였다. 그 순간 뒤에서 두 명의 덩치 큰 두 남자가 동시에 소리쳤다. "5, 4, 3, 2, 1, 번지!!"

떨어지는 내내 "으아~" 비명 소리가 내 몸속에서 차오르다가 목구멍 사이를 비집고 간신히 새어 나왔다. 멀리서 봤을 때는 3초면 끝날 것 같았는데, 난 한참을 지면을 향해 곤두박질쳤다. 지면에 가까워질수록 다리를 묶고 있던 로프에 대한 믿음만이 간절해져 갔다. 다리 끝에서 점점 나를 다시 하늘로 잡아당기는 힘을 느끼기 시작했고 내 가엾은 육신의 무게가 줄을 늘려놓은 만큼 다시 하늘로 솟구치기 시작했다.

그때서야 난 "히~호!!!!" 하는 함성을 질렀다. 함성의 의미가 미칠 듯한 스릴을 의미하는지 살아남았다는 그 생존 본능의 안도감을 의미하는지는 모르겠으나, 난 일차 낙하 후에 두어 번의 반동을 즐겼다.

그리고 허공에 조용히 매달렸다.

죽음의 경험을 한 사람은 그 이후의 삶이 더 아름다워 보인다고 했던가?

그 예상치 못한 적막과 스톰스 리버의 아름다움에 넋을 잃었다.

번지 점프의 묘미는 낙하에 있는 것이 아니라

낙하 후의 적막에 있다.

컴퓨터 선생님으로 일하다... 5월 20일~29일

　스톰스 리버에서 만난 네덜란드 여행자가 준 봉사활동 정보를 가지고 포트엘리자베스에 도착해 무작정 인터넷(가난한 흑인들이 모여 사는 판자촌)에 있는 초등학교에 전화를 걸어 봉사활동에 대해 문의했다. 학교로부터 허락과 환영의 인사를 받고, 다음날 워머 타운십 안의 한 가정집에 짐을 풀 수 있었다. 아주 작은 집이었는데, 할머니라기엔 아직 젊어 보이는 아주머니 한 분과 같이 생활하게 되었다. 그곳에서 10일 정도 머물며 오전에는 초등학교에서 컴퓨터를 가르치고, 오후에는 고아원에 가서 바쁜 일손을 도왔다.

　이 장에서는 그곳에 머물렀던 5월 20일부터 29일까지 9일간 썼던 일기를 추려 실으려 한다.

마마…

이곳의 야경을 사진에 담기 위해서는 단단히 각오해야 한다. 외국인뿐만 아니라 이곳 주민도 9시 이후 거리에 나가는 것은 위험하기 때문이다. 하지만 난 야경을 담고 싶은 욕심에 단단히 준비를 했다. 카메라를 가방에 넣고 나의 피부색을 감추기 위해 목까지 올라오는 옷과 장갑을 끼고 모자를 눌러썼다. 집을 나서기 전 마마에게 잠시 이곳 언덕에 가서 사진을 찍고 오겠다고 이야기하자, 마마는 한참을 망설이더니 절대 오래 머물지 말고 오라고 신신당부하였다.

그렇게 집을 나섰고 20여 분 후, 마지막 사진을 위해 언덕을 오르고 있을 때 저 앞에서 검은 그림자가 내 쪽으로 다가오고 있었다. 난 긴장하며 마음의 준비를 했다. 그 그림자와 대면하기 일보 직전, 그가 가로등 불빛으로 나오면서 말했다.

"이봐, 잭!"

"아! 타보잖아!"

마마의 조카 타보였다. 마마는 내가 떠난 후에 불안함을 참지 못하고 모든 조카들과 동생들에게 전화를 걸었고, 그날 밤 마마의 모든 조카와 동생들은 그녀의 명령 아래 어딘가 있을 나를 찾아 밤거리를 뒤적여야 했다. 나에 대한 마마의 보살핌과 친절은 이곳에 머무는 내내 나를 행복하게 해주었다.

이별을 예고하는 짧은 만남이라도 좋은 사람과의 만남에는 솜에 잉크가 젖어들 듯 자신도 모르게 정이 배어든다.

저녁 주점

　마을 한가운데 작은 주점이 있었다. 이곳 사람들은 일을 마친 금요일 저녁이면 5평 남짓한 주점을 가득 채운다. 흑인이 아니면 절대 혼자 가지 말라는 릭(네델란드에서 온 봉사자로 나와 컴퓨터를 함께 가르치고 있는 친구)의 경고를 무시하고 나를 그 주점 안에 던졌다.

　우려와 달리 10분이 지나고 난 이 사람 저 사람 사이에서 정신없이 이야기하느라 시간 가는 줄 몰랐다. 술이 거나하게 취한 아저씨는 내가 이곳에 온 것을 무척 환영한다며 혼자 왔느냐고 물었고, 그렇다고 대답하자 "이제 넌 내 친구니 이제부턴 혼자가 아니다!!"라고 외치며 싱글벙글했다.

　그들 중 하나가 인종 차별에 대하여 이야기하였다. 너의 피부와 나의 피부색은 다르지만 너의 손목을 칼로 그으면 붉은 피가 나오고 나의 손목을 그어도 붉은 피가 나온다. 그러므로 우리는 같다.

　조금은 거칠지만 분명하고 간결한 그의 인종에 대한 해석이 마음에 든다.

Silence

Listen to the silence that
cries struggle
The Silence, when words hurt
The silence when poverty attacks
The silence of a raped child and woman
The Silence when depression of a lost one takes over
The Silence when South Africa becomes a violent place
The Silence of HIV and Aids
The Silence of teenage pregnancy
Shhh! listen to the silence when you go down on
your knees and pray say Thank you Juses, nkulunkulu

내가 배운 것들

판자촌이 바다를 이루고 있는 이곳에서 컴퓨터 선생님으로 일하면서
내가 가르칠 것들만 있을 줄 알았다.
하지만 지금 그들은 내게 가르친다.
월요일에는 일을 시작하라.
금요일 밤엔 마셔라.
일요일엔 신을 찾아라.
음악이 들리면 춤추라.
친절은 행복의 비결이다.
더 많이 포옹하고 더 많이 웃어라.

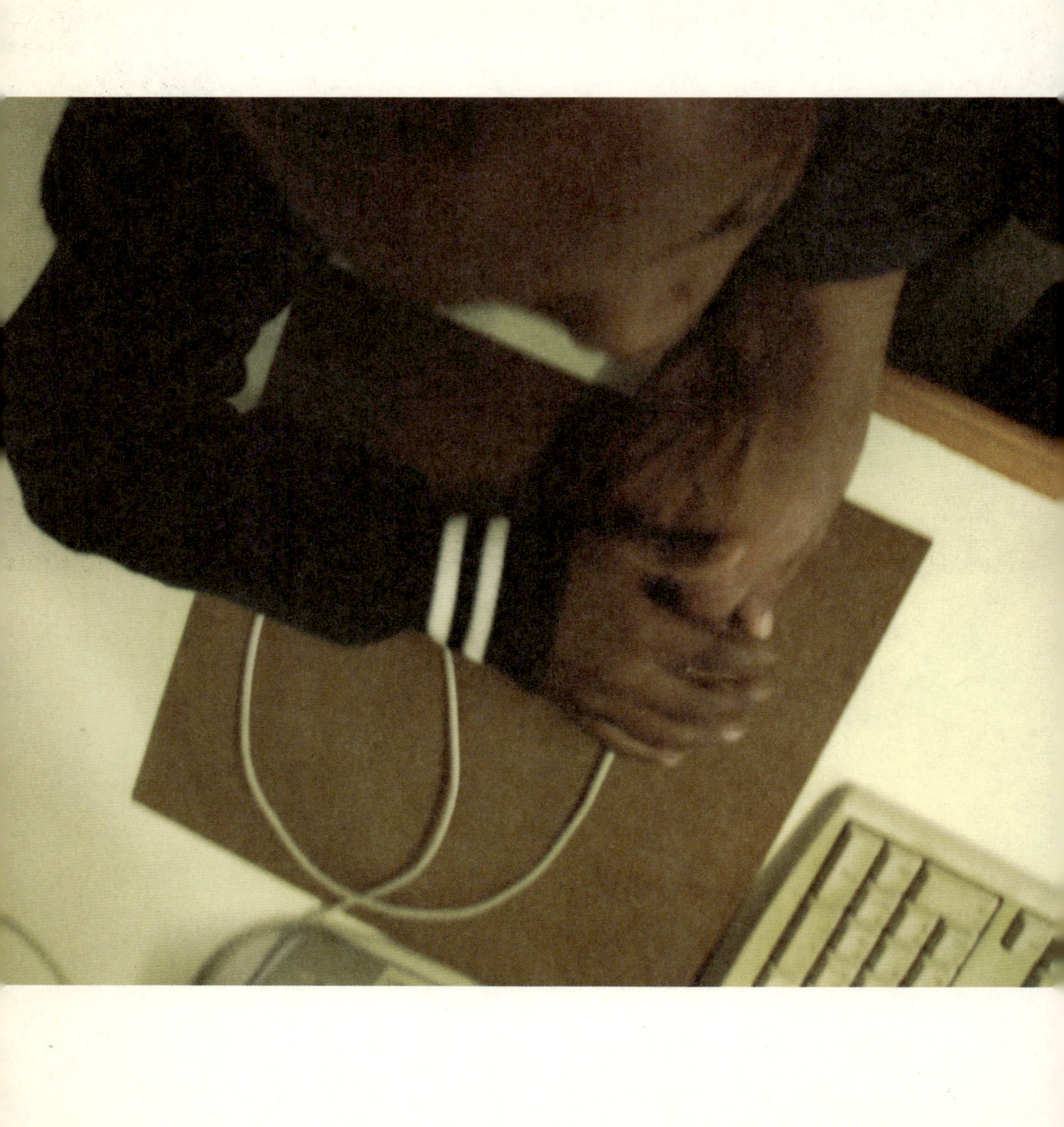

감사합니다

그들에게서 배운 것에 비하면 보잘것없으나
내 머릿속에 담긴 지식의 조각들이 있어
아이들에게 무언가 전할 수 있다는 것에 감사합니다.

아니, 변덕 심한 지식의 조각들보다는
아직 뭉클거리는 마음 한구석이 남아있어
아이들을 가슴으로 꼭 껴안아줄 수 있다는 것에 감사합니다.

혹 내가 가진 것이 아무것도 없더라도
솜털 같은 아이들의 작은 손을 통해,
기적 같은 아이들의 윙크를 통해
내 순수의 샘물이 다시 채워져 간다는 것에 감사합니다.

Maintenance
Solutions
Tel: (041) 58...
Cell: 082 742...
Cell: 082 553...

나의 작은 친구, 주키사니

토요일 오후, 주키사니(마마의 조카)를 데리고 시내 구경에 나섰다. 하지만 나는 바쁜 일정과 주머니 사정을 핑계로 아이에게 거리에서 파는 값싼 음식과 약간의 간식만 사주고 먼 길을 걸어왔다.

집에 도착하자마자 릭이 다짜고짜 저녁 약속이 있다고 나를 고급 레스토랑으로 데려갔다.

그곳에서 세 친구들을 소개받았고, 우리 다섯은 자리에 앉았다. 시작 메뉴부터 디저트까지 꼼꼼히 주문하는 그들 사이에 난 샐러드 하나를 시켰다. 그들은 처음 만난 아시아인의 소극적인 주문에 의아해하다가 나의 주머니 사정을 눈치챘다는 듯 나에 대한 질문과 관심을 끊고는 네덜란드어로 서로 이야기하기 시작했다.

난 내가 샐러드 하나만을 시키는 것이 부끄럽지 않았다. 케이프 타운에서는 가끔 문화체험을 핑계로 이런 곳에 왔었던 때를 회상하며 주키사니에게는 1랜드조차 아끼던 나의 모순된 모습이 부끄러웠다.

저녁 식사가 끝나고 웨이터에게 반을 남긴 그들의 음식을 모두 포장해달라고 요구했다. 식사 내내 질문이 없던 그들이 나의 포장 주문에 웃으며 물었다.

"아, 그럼 넌 내일 아침을 할 필요가 없어서 좋겠구나?"

"아니, 거리에 굶고 있는 친구들이 많아서……."

포트엘리자베스에서의 마지막날.

릭의 차에 배낭을 싣고 버스 승강장으로 가던 길이었다. 두고 온 소지품을 챙겨 가기 위해 잠시 학교에 들렀다. 버스 출발 시간에 마음이 조급해져 학교 안으로 뛰어 들어갔다. 때마침 많은 아이들이 하굣길에 있었다. 이 시간에 학교에 와본 건 처음이었다.

아이들 사이를 정신없이 헤쳐 가는데 뜻밖의 상황이 벌어졌다. 여기저기서 아이들이 "잭!" 하고 나를 향해 엄지손가락을 치켜들고, 그들 옆을 지날 때는 내가 수업 시간의 마지막에 늘 그랬던 것처럼 이곳 특유의 악수를 권하는 것이었다.

버스 시간에 마음을 빼앗겼던 나는 이곳저곳에서 내 이름이 불릴 때마다 '쿵!' 하고 가슴이 미어졌다. 많은 아이들이 내가 떠나는 길인 줄 모르고 내일의 만남을 기약하며 천사 같은 목소리로 "잭!" 하고 빽 소리쳐 부를 때 난 내달려가 그들을 덥석 안고 무언의 작별 인사를 하고 싶었다.

> 여행이란 스스로 이별을 찾아가서는
> 이별하기 싫어 눈물 흘리는 것임을 알고 있었으나,
> 여기 있는 이 작은 천사들과의 이별이 오늘은 쉽지 않았다.

avocado.

프리토리아에서 만난 친구, 존 할아버지
... 5월 30일~6월 1일

포트엘리자베스의 정든 학교를 떠나 남아공의 수도 프리토리아로 넘어왔다.

이곳에서 잠비아와 가나 비자를 받기 위해 백패커스에 짐을 풀고 3일 동안 정신없이 대사관들을 찾아다녔다. 그런 바쁜 와중에도 좋은 친구, 존 할아버지를 사귈 수 있었다.

5월 30일

가나 대사관에 들렀다가 오후에 돌아와 백패커스의 초인종을 눌러도 대답이 없자 그 앞에 앉아 스케치북을 꺼냈다. 풍경을 고르고 있는데 저 멀리서 나이 지긋한 할아버지 한 분이 개와 함께 걸어왔다. 그는 내 앞에 와서 웃으며 인사를 건넸다.

"자네, 왜 이곳에서 기다리고 있지?"

"아, 네. 이곳에서 머물고 있는데 지금 문을 열어줄 사람이 안에 없네요."

"왜 주인에게 전화해보지 그래?"

"아뇨, 바쁜 일은 없어요. 지금 전 잠깐 동안 기다리는 것을 즐기고 있어요."

"음… 난 지금 산책 나가는 중인데 함께 하겠나?"

"저야 좋죠! 히히."

그의 이름은 존. 프랑스에서 이곳으로 27년 전에 이민을 왔다. 원자력 개발 엔지니어로 남아공에서 일하다가 결국 이민을 선택했던 것이다. 이곳에서 영국 여인과 결혼했으며, 그녀와 사별한 이후로 개 두 마리, 세 마리의 고양이와 함께 살고 있다. 작은 공원에서 개를 풀어놓고 그와 걸으며 나의 여행과 그의 삶에 대하여 이야기하였다.

5월 31일

오후에 인터넷 카페를 향하는 길에서 우연히 그를 다시 만났다. 어제처럼 그는 개와 함께 산책 중이었다. 그와 더 이야기하다가 내가 인터넷이 필요하다는 것을 안 그가 집으로 나를 초대하였다. 커피를 마시며 한참을 이야기하다가 인터넷을 사용한 뒤 집을 나서는데 그가 물었다.

"내일은 뭘 할 계획인가?"

"여기저기 건축물들을 둘러볼 생각이에요."

"내일 10시 반까지 이곳에 다시 오겠나? 내가 차로 안내하지."

사귈수록 좋은 할아버지였다.

6월 1일

그는 나를 기념관(Monument Building)으로 안내하였다. 네덜란드인이 이곳에 처음 왔을 때부터 역경과 고난을 이겨내고 결국 정착에 성공하기까지를 기념하는 거대한 석조 건물이었다.

남아공의 역사에 대하여 들을 때마다 흑인이 당했던 핍박과 인종 차별, 노예 시장의 끔찍함에 대하여 들었던 나는 백인들이 과거를 반성하고 역사에 대한 논쟁에서 한 발 물러나 있다고 생각했다. 하지만 이곳에서 전혀 다른 관점에서 새겨진 건물 안 벽화를 보았다. 흑인들이 백인들의 마차를 둘러싼 채 공격하고 있었으며, 많은 백인들이 흑인들의 몽둥이질에 죽어가고 있었다. 벽화의 마지막에는 결국 백인이 흑인의 공격을 이겨내고 교회와 마을을 건설하여 개척에 성공한 모습들이 새겨 있었다.

그들의 개척의 역사가 거짓이라고 할 수는 없으나, 개척의 역사는 또 다른 관점에서 파괴의 역사이기도 하다. 또 그들이 정착한 뒤에 행했던 무자비한 인종 차별은 왜 새겨지지 않았는가. 이 벽화의 완성 시기가 흑인들이 자유를 얻기 전 남아공이 오로지 백인들을 위해 존재했던 때였음을 감안한다면, 당시의 시대적 관점으로 이해할 수 있겠으나, 존의 설명 속에서 여전히 흑인들에 대한 적대감이 남아 있음을 느낄 수 있었다.

존은 나에게 음료수 한 병 사는 것도 용납지 않고 점심까지 사주었다. 식사 중에 그가 나에게 물었다.

"흑인들은 그들의 기념일에 왜 백인이 오지 않느냐고 불평한다. 하지만 우리가 왜 가야 하나?"

난 잘 모르겠다는 미소를 지으며 마음속으로 되물었다.

'못 갈 이유가 있는가?'

역사와 인종에 대해 조금은 다른 관점에도 불구하고 존은 남아공의 마지막을 함께한 나의 소중한 친구였다.

ZAMBIA

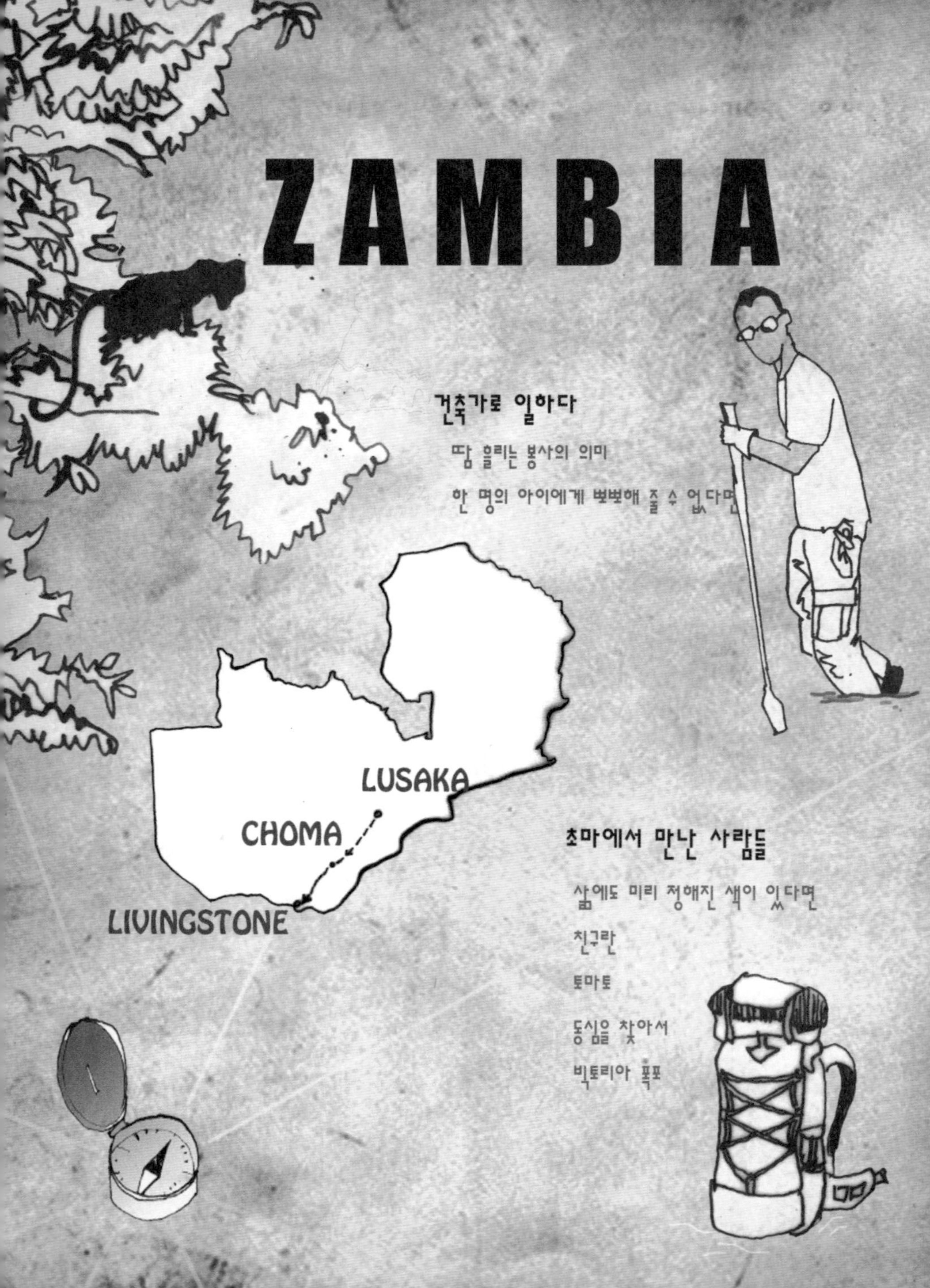

건축가로 일하다
땀 흘리는 봉사의 의미
한 명의 아이에게 뽀뽀해 줄 수 없다면

초마에서 만난 사람들
삶에도 미리 정해진 색이 있다면
친구란
토마토
동심을 찾아서
빅토리아 폭포

LUSAKA
CHOMA
LIVINGSTONE

건축가로 일하다... 6월 3일~11일

존 할아버지와 착별 인사를 하고 남아공 요하네스버그에서 탄 비행기가 잠비아의 수도 루사카 공항에 6월 2일 도착하였다. 늦은 밤 공항버스는 끊겨있었고, 하는 수 없이 내일 아침 버스로 시내에 들어가기 위해 공항 바닥에 쪼그려 앉아 밤을 보내려는데 환전소 직원이 퇴근하는 길에 나를 발견하고 친절하게 캠핑 장소까지 차로 태워주었다.

다음날 아침 샤워를 마치고 나오는데 어젯밤 늦게 도착한 한 무리의 미국인 대학생 봉사단 학생들이 보여서 혹시 나도 그 안에서 일할 수 있을까 하는 마음에 한 여학생에게 말을 걸었다.

"저, 봉사활동 시작하나 보죠? 저도 함께 일할 수 있을까요?"

"그럼요! 제가 지금 교수님께 가는 길인데 함께 가서 여쭤보죠."

그렇게 그녀를 따라 식당으로 들어갔다. 그런데 당혹스럽게도 식당에는 그녀가 오기를 기다리는 20여 명의 학생들과 교수 한 명이 긴 식탁에 앉아 있었다. 난 얼떨결에 모두의 앞에서 나를 소개하고 봉사활동에 대한 열의를 본의 아니게 과장해서 이야기하게 되었다. 내 이야기를 들은 교수는 지금 있는 학생들은 여기서 일하기 위해 전문 교육을 받은 학생들이며 사전 교육이 안 된 나는 함께 일하기 힘들다고 하였다. 그렇게 많은 미국인 앞에 서서 영어로 말한다는 것 자체로 부담스러웠지만, 나는 다시 한 번 용기를 내어 말했다.

"전 한국에서 건축을 전공하고 있습니다. 다른 건 몰라도 건축 관련 일이라면 무슨 일이든 바로 시작할 수 있습니다."

하지만 역시 교수는 허락해주지 않았다. 하는 수 없이 단념하고 식당을 돌아 나오는데 30대 중반의 남자가 나를 따라왔다.

"안녕하세요? 옆 자리에서 밥을 먹다가 말씀하시는 것을 듣고 따라나왔습니다. 사실 제가 지금 건축을 좀 아는 사람이 필요하거든요."

그의 이름은 조단. 그는 캐나다인으로 3년 전 잠비아에 와서 가난한 이 나라를 돕고자 신농법 연구를 중심으로 일해오고 있었다. 마침 진행 중인 과일 통조림을 이용해 식량난을 극복하는 프로젝트 중, 통조림들을 전기설비 없이 연중 일정 온도로 저장할 창고가 필요했다.
그 창고를 설계해줄 사람이 필요했던 것이다. 난 아직 학생이고 실제
지어질 건축물을 설계해본 경험은 없지만 이 좋은 기회를 놓칠 수 없
었다. 그렇게 7일간의 건축 봉사활동이 시작되었다. 물론 노동의 대
가를 당당하게 요구하는 것도 잊지 않았다.

"그런데 저기 있잖아… 조단, 나 먹여주고 재워줄 수 있지?"

땀 흘리는 봉사의 의미

　이곳에서 내가 한 일은 아무런 기계적 냉방 시설 없이 여름철 실내 기온을 최대한 시원하게 유지할 수 있는 창고 건물을 값싼 재료로 짓는 것이었다. 조단이 그동안 생각해놓은 설계안을 대대적으로 수정한 뒤, 그 설계도를 가지고 오후에는 직접 현장으로 가서 인부들과 땀을 흘렸다. 저녁에는 숙소에 돌아와 조단과 식사하며 프로젝트에 대하여, 아프리카에 대하여 이야기했다. 내가 호주에서 로즈 할머니(틸바에서 나에게 퍼머컬처 농법을 가르쳐준 할머니)에게 배운 농법을 조단에게 설명하자, 그는 놀라워하며 일일이 수첩에 옮겨 적기도 하였다.

　건축학도로서 강의실에 앉아 막연히 건축에 대한 이론을 암기하고 도면을 그리면서도 하나의 건물이 갖는 의미와 건축의 힘에 대하여는 깊이 생각해보지 않았다.

　하지만 이곳에서 내가 가진 친환경 건축 지식이 어떻게 이용되고,

그 지식이 삶을 어떻게 바꿀 수 있으며, 건축가는 삶을 설계하는 엔지니어임을 실감하였다.

또한 한 번의 삽질은 내 머릿속 이론들보다 가치 있으며 머리로 하는 봉사가 아닌 땀 흘리는 봉사의 의미도 다시 생각하게 되었다.

나는 이곳 인부들과 아침에 만나고 저녁에 헤어질 때 그들을 한 명, 한 명 꽉 끌어안았다. 반다는 오늘도 내가 작별의 인사로 꽉 끌어안으면 "끄어, 끄어" 하고 순박한 웃음을 지어낸다.

머릿속에 치졸한 계산기를 달고 사는 나와는 달리
서글서글하고 묵묵히 일하는 그 사람들의 존재에 감사한다.

– 함께 일한 잠비아의 위대한 건축가와 토목가 –

한 명의 아이에게 뽀뽀해줄 수 없다면

일주일이 정신없이 지나고 창고 건물의 기초 부분이 완성된 상태에서 나는 다시 여행을 떠나야 했다. 루사카에서 리빙스턴으로 떠나기 전 마지막 날 밤 조단과 함께 백패커스 바에 앉았다. 조단에게 말했다.

"남아공 고아원에서 봉사활동을 했을 때 일인데, 처음 그곳에 갔을 때 온몸 피부가 비늘처럼 일어난 꼬마 아이를 보았어. 난 다른 아이들에게 내가 늘 하듯이 꼭 껴안고 볼을 비벼줄 수가 없었어…. 그때 다시금 알았어. 내가 참 이기적임을."

"잭, 난 피부병이 있는 아이에게 볼을 부빌 수 없었다고 해서 네가 이기적이라고 생각하지 않아. 나 또한 그 아이에게 볼 부비고 뽀뽀할 수 없을 거야. 하지만 우린 더 많은 사람들을 돕기 위해 일하고 있잖아? 그러니 우린 충분히 이타적인 사람이라고 생각해."

"우리가 이 프로젝트를 성공시킨다면 수천 명의 사람을 도울 수 있겠지…. 하지만 우린 왜 수천 명에게 돌아갈 이익은 쉽게 계산해내면서 단 한 명의 아이에게는 뽀뽀할 수 없는 것일까? 단 한 번의 뽀뽀로 그 아이가 사랑받고 있음을, 피부병 따윈 사랑받는 데 전혀 문제되지 않음을 느끼게 해줄 수 있는데도 왜 망설이게 되는 것일까?"

"흠… 글쎄, 그렇다면 넌 인간의 마음은 본래 이기적이라고 믿고 있는 건가?"

"아니. 난 인간에게 충분히 이타적인 성향이 있다고 믿어. 특정 상황과 대상에 대해서는…. 난 그저 우리가 이타적인 성향은 쉽게 발견하지만 이기적인 성향은 깊게 생각하지 못하고 지나치거나 무시해버리는 습관이 있다고 생각할 뿐이야."

난 다시 처음부터 묻고 있다. 왜 우리는 이기적이면 안 되는가? 적당히 이기적으로 누군가에게 피해 주지 않으면서, 때론 모금함에 적당한 금액을 천천히 넣으면서 내가 이타적임을 확인하면 안 될 이유가 무엇인가?

이런 불편한 물음 속에서
나는 이기적이면 안 될 이유를 힘겹게 찾고 있다.

리빙스턴으로 떠나기 위해 오전 9시 30분쯤 터미널에 도착했지만 내가 전날 사두었던 오전 10시 버스는 인원이 찼다는 이유로 벌써 떠나버렸고, 다음 버스는 오후 12시였다. 그러려니 하고 12시 버스를 기다렸으나 1시가 돼도 버스가 떠날 생각을 하지 않았다. 다시 물어보니 4시쯤엔 출발할 수 있을 거라는 것이다.

이렇게는 안 되겠다는 생각에 관계자에게 물어 표를 환불받고 다른 버스에 올라탔다. 하지만 그 버스 또한 마지막 한 자리까지 다 차기를 기다려 결국 4시가 되어서야 출발하였다. 애초에 정해진 시간은 없었다. 손님이 마지막 한 자리까지 다 차야 출발하는 것이다.

리빙스턴(Livingstone)에 도착이 늦어질 것 같아, 밤 8시 정도에 옆자리에 앉아서 이야기하면서 사귄 피터를 따라 초마(Choma)라는 마을에서 내렸다. 그를 따라 내린 이유는 그가 역 근처에 값싼 백패커스 숙소가 있다고 일러주었기 때문이다.

하지만 버스에서 내려서 그가 안내한 곳은 작은 규모의 게스트 하우스였다. 그가 백패커스란 단어의 의미를 잘못 이해한 것이다. 숙박료 15만 콰챠는 내게 버거운 금액이었기에 난처해하였다. 그런데 그곳 관계자들이 지금은 리모델링 중인 건물 안에 텐트 치는 것을 허락해주었고, 그렇게 3일간의 무료 숙식이 시작되었다.

텐트를 정리하고 밖으로 나와 경비 아저씨와 야근하던 내 또래 남자와 함께 화로를 둘러싸고 앉았다. 아저씨는 심심하던 차에 잘되었다 싶었는지 화로에 고구마 몇 개를 올리고는 군대 시절 이야기를 끝도 없이 하였다.

한국이나 외국이나 남자 셋만 모이면 군대 이야기다.

삶에도 미리 정해진 색이 있다면

초마에 온 다음날 아침, 어제 버스에서 만났던 피터가 나를 찾아왔
다. 목공소에서 목수로 일하고 있는 그는 나를 위해 하루 휴가를 내
어 이곳저곳 마을을 안내했다. 그와 함께 초등학교에 들러 봉사활동
에 대해 알아보았지만 특정 단체에 소속되지 않았다는 이유로 일을
구하진 못하였다. 그가 일하는 목공소를 둘러보았고, 집에 들러 그가
직접 만든 가구들을 보았다. 피터가 길에서 만나는 모든 어른들에게

친절하게 인사하는 모습은 그가 예의바른 청년임을 알게해 주었다.

그는 삼 형제 중 막내로 아버지는 그가 14세 되던 해 죽기 전까지 술과 낭비로 많은 문제를 일으켰고, 그 후로 어머니가 혼자 집안을 다시 일으켰다. 그의 형은 고등학교 선생님이 되었고 동생 피터에게 농부가 될 것을 권하였으나, 그는 기술을 배워야 한다는 생각에 목수가 되었다.

그의 꿈은 언젠가 친구와 함께 목공소를 여는 것인데 6년쯤 뒤에는 할 수 있을 것이라고 자신 있게 이야기하였다.

초마를 떠나기 전날 그를 다시 만났다. 내가 만나는 모든 이에게 하는 마지막 질문을 그에게 던졌다.

"피터, 넌 언제 가장 행복을 느껴?"

"작년 일 년간 난 가장 행복했어…. 마을 교회에서 청년회를 이끄는 임무를 맡았지. 어린 시절 청년회장을 처음 봤을 때부터 늘 언젠가는 나도 어른이 되어 청년회를 이끌고 싶다고 꿈꾸었는데 작년에 드디어 그 직책을 맡게 된 거야."

"음… 멋진데!! 지금의 일상 속에 행복이 있다면 그건 언제야?"

일상이라는 말에 잠시 고민하던 피터가 조심스럽게 입을 떼었다.

"우리의 삶은 검은색이야. 검은색 삶 속에서 우리는 행복을 느낄 시간을 많이 갖지 못하지."

검은색 피부를 가지고 검은 땅 아프리카에서 태어난 그들의 삶과 그 안의 행복은 과연 무엇일까? 혹시 나는 철없는 질문으로 그들을 당혹스럽게 하진 않았을까?

친구란… 6월 12일

나란하게 놓여 있는 낡은 철로처럼
오랜 시간 그리움으로 바라보는 것이다.
바라보는 것이며 바라지 않는 것이다.
바람이 있다면
그리움이 오랜 시간 이어지길 원하는 것이다.

— 초마의 기찻길에서 걸어오던 두 친구를 보고… —

토마토··· 6월 13일

시장과 초마역을 사이에 두고
이것저것 열심히 나르는 사람들이 분주하다.
서글서글한 사람들이 만들어내는 투박한 풍경에서
짐꾼의 검은 어깨를 짓누르는 쌀자루만큼이나
묵직한 삶의 무게를 느낄 수 있다.

외발 리어카에 토마토 한 자루를 싣고 내 옆을 지나가던 짐꾼이
철로의 요철에 그만 토마토 무더기를 쏟아버렸다.
유난히 검은 자갈들 위에 야속하게 툭 터져버린 토마토를 보며
그의 고단한 삶과 그 속에서 예고 없이 찾아와
가슴을 붉게 멍들이는 존재들의 슬픔을 어렴풋이 느낄 수 있었다.

그와 함께 토마토를 주우며 토마토가 얼마냐고 물었지만
그는 연신 고맙다는 말만 반복한다.

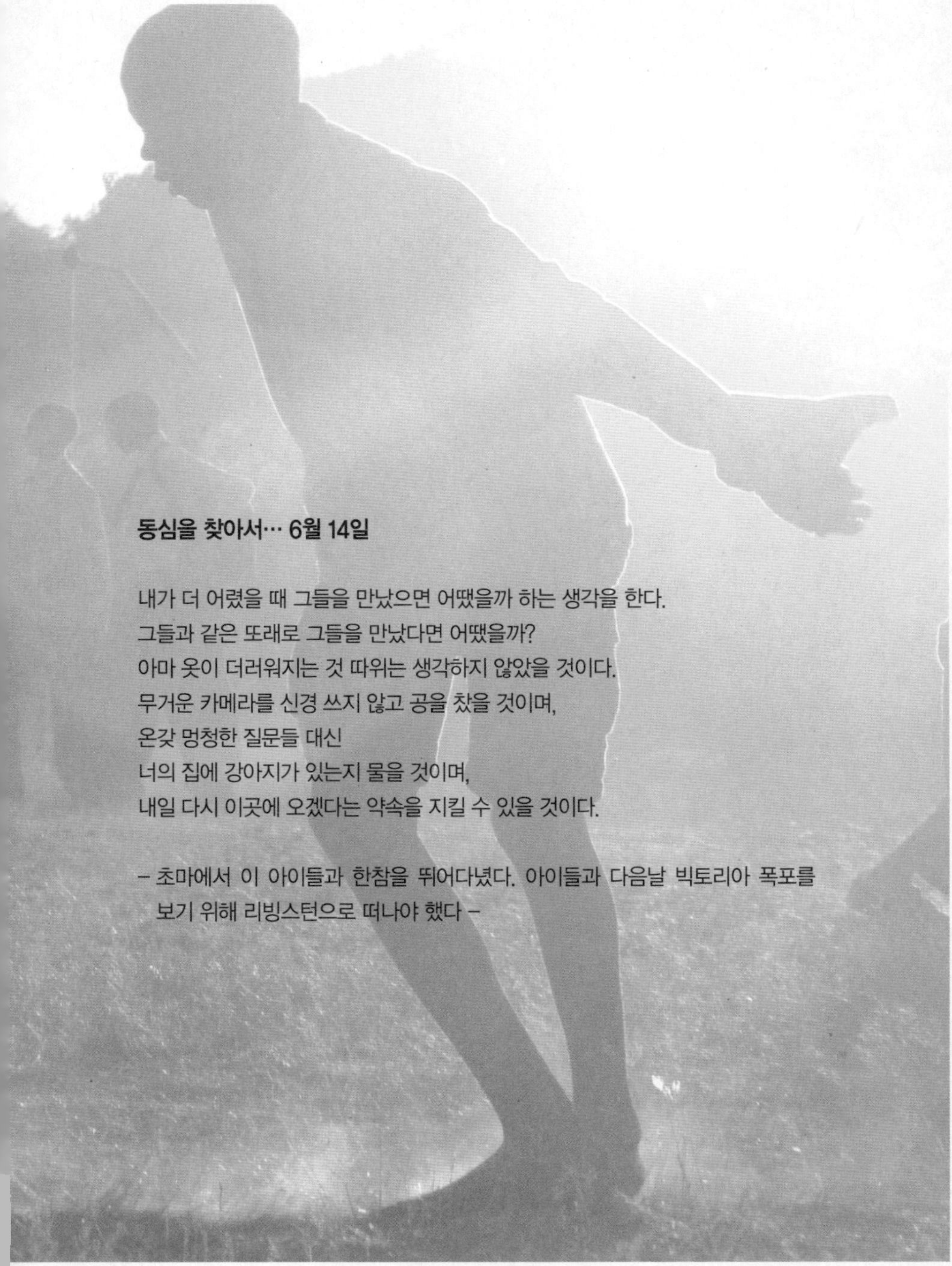

동심을 찾아서… 6월 14일

내가 더 어렸을 때 그들을 만났으면 어땠을까 하는 생각을 한다.
그들과 같은 또래로 그들을 만났다면 어땠을까?
아마 옷이 더러워지는 것 따위는 생각하지 않았을 것이다.
무거운 카메라를 신경 쓰지 않고 공을 찼을 것이며,
온갖 멍청한 질문들 대신
너의 집에 강아지가 있는지 물을 것이며,
내일 다시 이곳에 오겠다는 약속을 지킬 수 있을 것이다.

– 초마에서 이 아이들과 한참을 뛰어다녔다. 아이들과 다음날 빅토리아 폭포를
  보기 위해 리빙스턴으로 떠나야 했다 –

빅토리아 폭포… 6월 15일

이곳에 오기 전 상상해보았다.
큰 강의 절반을 뚝 잘라 절벽을 만들었다면….
그래서 강물이 커튼처럼 절벽에서 떨어져 내리게 했다면….
그리고 이곳에 와서 폭포를 대면했을 때
나의 상상력은 자연의 거대한 실존 앞에서 할 말을 잃었다.
폭포가 만들어내는 한 치 앞도 볼 수 없는 폭우 속에서
난 미친놈처럼 껄껄 웃었다.
왜 웃음이 나는지도 모르면서 그렇게 웃고 있었다.

GHANA

가나의 어촌마을

귀향
고기잡이 배
그녀들의 전화번호
벌거숭이 청년
남자라면 상어!
가난한 어촌마을의 오케스트라

오토바이 수리점에서 일하다

　　잠비아 리빙스턴 공항을 떠나 가나의 수도 아크라 공항에 도착하자
마자 푹푹 찌는 더위가 느껴졌다. 공항 입구에서 숙소를 찾고 있는데
같은 비행기를 타고 온 가나 사람들이 나에게 가장 싼 택시를 잡아주
기 위해 이곳저곳을 데리고 다니며 가격을 흥정해 태워주었다. 숙소
도착 후에는 기사에게 내가 잘 도착했는지 확인 전화까지 했다. 그렇
게 한국의 여인숙과 같은 규모의 숙소에 짐을 풀었다. 친절한 가나인
이다. 여행 내내 가나 사람들의 친절함을 느낄 수 있었다.

아크라의 시내를 걷고 걷다가 저녁 무렵 연안의 작은 항구에 발길
이 닿았다. 일과를 마친 이 마을은 하루만큼의 벅찬 보람으로 가득 차
있었다. 부둣가에서 만난 한 어부가 선뜻 나를 이끌고 마을을 안내한
다. 만나는 사람들 모두에게 자신의 친구라며 나를 소개시켜주었고,

마을에 들어가기 전 자기 배를 보여주며 자랑스레 선체를 쓰다듬는
것도 잊지 않았다.

　그와 함께 작은 마을 회관에 들어서니 아이들이 북소리에 맞추어
한창 전통 춤을 배우고 있었다. 호기심에 가까이 가자 갑자기 나에게
춤을 추어보라며 북을 연주하기 시작한다. 난 기다렸다는 듯(?) 훌훌
털고 일어나 무리 안으로 들어갔고, 그렇게 난 아이들과 춤을 추었다.

- 6월 19일, 아크라 연안의 항구에서 어부들과 그물을 손질하며… -

고기잡이 배

어떤 곳에서도 볼 수 없었던 형형색색의 많은 배들이 항구에 가득 차 있다.
바다를 향해 언제라도 뛰어들 듯한 기세로 출항만을 기다리는 배들은
한평생 파도와 힘겹게 싸워가며, 또 아낌없는 바다에 기대어 살아온
어부의 삶을 증명해주고 있었다.

아크라에서 해안을 따라 서쪽으로 200킬로미터 정도 떨어져 있는 작은 도시 케이프코스트로 버스를 타고 이동하였다. 내 인생에서 이성의 전화번호를 용기 있게 물어본 경험이나 그녀들이 나에게 먼저 관심을 가진 경험도 없으나, 이제 누군가 나에게 그런 경험에 대해서 묻는다면 나도 무언가 할 말이 있게 되었다.

오늘은 케이프코스트의 마을 이곳저곳을 돌아다니다가 자신의 친구를 오늘밤 내 방으로 보내주겠다는 기념품 가게 청년과, 여동생을 아내로 주겠다는 케이프코스트 캐슬 안내원과, 자신은 어떠냐며 한국으로 데려가 달라는 미용실 아가씨와, 오늘밤 우리 집에서 묵으면서 내 딸을 품으라는 파격적 제안(?)을 한 아저씨를 만났다.

물론 내가 잘나서라기보다 관광객은 돈이 많다는 생각으로 하는 행동들이겠지만, 서아프리카에서는 무엇보다 여자를 조심할 일이다.

– 사진은 숨 쉴 틈 없이 북적이는 아크라의 시장에서 의지와 상관없이 받게 된 어느 여인의 전화번호 –

벌거숭이 청년

내가 언덕에서 바라보고 있는데도
그들은 해변에서 옷을 훌러덩 벗어 보이며 웃는다.
옷을 다 벗고 넘치는 힘을 주체하지 못하는 한 마리 짐승처럼
모래밭에서 재주넘기를 하고, 친구와 줄다리기를 하고, 팔굽혀펴기를 해대다가
바다로 뛰어 들어간다.
찬 바닷물에서 무어라 외쳐댄다.

− 6월 21일… 케이프 코스트 −

남자라면 상어!… 6월 21일

케이프코스트 항구에 오후 2시가 되면 귀항하는 배들로 북적이기
시작한다. 손바닥만한 물고기들을 가득 싣고 돌아오는 배들을 기다리
는 여인들이 배의 귀항과 동시에 흥정을 시작한다.

건너편 언덕에서 한참 동안 그들을 바라보는데, 유난히 늦게 도착한 배가 한 척 있었다. 그들의 배 위에는 손바닥만한 물고기도 팔뚝만한 물고기도 없었다. 자세히 바라보니 배 위에는 덩치 큰 상어 한 마리가 뉘어 있었다.

상어를 싣고 온 배를 부둣가로 끌어올리기 위해 많은 사람들이 달라붙었다.

나도 선뜻 한자리를 차지하고 밀어올리기 시작했다. '어허이여……' 하는 노동가에 맞추어 큰 파도가 올 때마다 조금씩 해변 위로 밀어 올리는데 나는 그만 지쳐서 한 발 물러났다. 옆에서 지켜보던 어부가 씩 웃으며 묻는다.

"벌써 지친 건가?"

그의 웃음 속에 담겨 있는 의미는… 바다에 나가서 이놈 하나 정도는 잡아야 남자지.

케이프 코스트 성채
1653년 네델란드가 건설. 금과 노예무역을 위해 사용되었다.
현재는 박물관으로 이용됨.

케이프 코스트 성채는 가난한 흑인들의 어촌 마을 한가
운데 높은 성벽으로 둘러싸인 하얀 성이었다. 그 안이 박
물관으로 사용되고 있었으나, 나는 그 좁고 하얀 입구에
서 한참 망설이다가 그 너머에 있는 검은 피의 역사를 볼
자신이 없어 결국 발길을 어부들에게로 돌렸다.

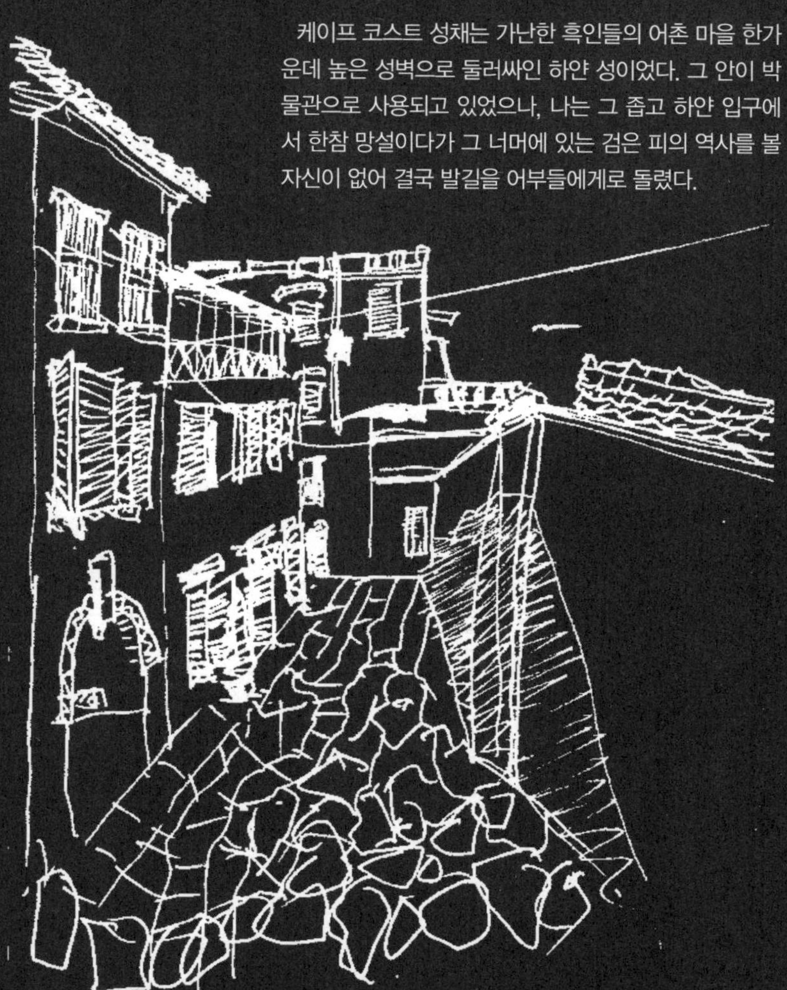

가난한 어촌 마을의 오케스트라… 6월 22일

저녁 무렵, 마을 이곳저곳을 돌아다니다가 북소리에 이끌려 언덕으로 올라갔다. 언덕 위 마을 회관 마당에서 고등학생으로 보이는 남학생 두세 명이 어린아이들에게 작은북과 큰북을 가르치고 있었다.
작은 아이들이 열을 맞추어 행진하며 작은북과 큰북을 연주하는 모습이 귀여웠다. 조금 있자 오전에 부둣가에서 만났던 어부 청년이 언덕에 올라와 나팔을 잡았다. 조금 더 기다리자 오후에 같이 길거리에

서 포켓볼 게임을 했던 아이가 올라와 트럼펫을 잡았다.

선선한 저녁 어둠이 낮의 열기를 조금씩 지워갈수록 마을 청년들과 아이들이 일을 마치고 모여 합주를 시작했다. 점점 완성되어가는 작은 마을에 오케스트라가 어느 정도 모양을 갖추자 드디어 온 마을에 울려 퍼지는 아름다운 합주가 시작되었다. 곡명은 '할아버지의 시계(미국의 고전 동요).'

오토바이 수리점에서 일하다... 6월 23일~26일

    이곳에서 많은 여행자를 보지는 못했으나 그나마 만나는 여행자들의 대부분이 불편한 대중교통을 못 견디고 오토바이를 구입해서 여행을 계속하는 것을 보면서, 나 또한 이동 수단의 변화를 심각하게 고민해왔다.

    케이프코스트에서 가나 북쪽 지역에 있는 중소 규모 도시 타말리(Tamali)에 와서는 중고 오토바이를 사려고 여기저기 상가를 뒤적였으나 마음에 드는 오토바이를 구하지 못하고 상인들과의 피곤한 가격 협상으로 몸과 마음만 지쳐버렸다.

6월 24일

부르키나파소로 떠나기 위해 아침 일찍 버스 정류장을 향해 길을 걷고 있었다. 대로변 오토바이 수리점에서 한 청년이 나를 불렀다. 그의 이름은 말릭. 그는 어제 오토바이를 찾는 나를 보았다며 얼마에 사기를 원하느냐고 물었으나, 난 이제 이곳 상인들을 못 믿겠다며 뿌리쳤다.

가던 길을 계속 가려는데 그가 따라오며 나에게 가격을 물었다. 난 그를 떨치려는 목적에 120cc 오토바이 신형에 400씨디 이하의 값으로 구할 수 있겠냐고 따지듯 물었고, 그는 나의 예상과는 달리 걱정 말라고 자기가 찾아주겠다며 나를 데리고 오토바이 주인들을 찾아다니기 시작했다.

결국 그는 400씨디에 팔겠다는 주인에게 50씨디를 깎아서 350씨디에 좋은 오토바이를 구해주었다. 나는 마지막으로 기름을 넣고 시험 주행을 시작했다. 오토바이를 타본 적이 없는 나를 위해 말릭은 한적한 길로 나를 데려가 출발하는 법부터 기어를 바꾸는 법, 서는 법까지 세세하게 가르쳐주었고, 난 즐겁게 오토바이를 배웠다.

군 시절, 자유에 대한 갈망으로 가득하던 그 시절에 여행에 대한 생각들을 끼적이면서 언젠가 여행을 한다면 꼭 오토바이와 함께 하리라는 다짐을 했었다. 떠남보다 정착에 의미를 두는 나의 여정에서 누구와 언제, 어디서 만나게 될지 알 수 없기 때문이다. 그 소망이 이루어지는 듯했으나 생각만큼 오토바이의 연비가 좋지 않아 결국 오토바이 구입을 포기했다.

이미 부르키나파소행 버스를 놓쳐버렸기에 말릭은 선뜻 자신의 방에서 하룻밤 자고 가라고 나를 초대하였다. 그날 저녁은 오토바이 수리점에서 그를 도와주며 시간을 보냈다.

그는 동생을 시켜 이것저것 길거리에서 파는 음식들을 사서 나를 먹였다. 그동안 깨끗하지 않아 보인다는 이유로 기피했던 그 음식들을 나는 덥석덥석 받아먹었다. 배고픈 저녁, 공짜 음식은 그 어떤 위생 관념도 잊게 했다. 그들이 20여 년 간 먹으면서 이렇게 건강하다면, 내가 한두 달 먹어도 죽지는 않겠지.

6월 25일

부르키나파소 국경을 넘으려 했던 오늘의 일정을 뒤로 하고 하루 더 말릭과 함께했다. 그에게 오토바이 수리 기술을 배우기도 하고, 일을 도와주기도 했다.

밤 10시, 밤하늘에 천둥이 번쩍이더니 이내 폭우가 쏟아졌다. 천둥과 번개가 이곳이 우기의 한가운데 있음을 고함쳐 외치고 있었다. 시원하게 쏟아지는 빗줄기는 수리점 슬레이트 지붕에 부셔져 그 끝에서 폭포처럼 흘러내렸다.

말릭은 수리점 문을 닫고 친구들과 함께 가게 앞에 앉았다. 잠시 후 그의 동생이 검은 봉지에 차와 계란을 넣어 들고 흠뻑 젖은 채 가게로 뛰어 들어왔다. 빗속에서 어떻게 구해 왔는지는 모를 일이었다. 그는 함박웃음을 지어가며 나에게 차와 계란을 건넸다. 유난히도 따뜻했던 그 차를 마시며 말릭에게 행복에 대하여 물었다.

"난 내가 시험에 통과했을 때 가장 행복했어. 고등학교에 들어가기 위해 시험을 쳤는데 좋은 성적을 받아 좋은 고등학교에 갈 수 있었고, 나는 그때 정말 행복했지. 그 후 대학에 가고 싶었지만 부모님이 너무 가난해서 그럴 수 없었어. 지금은 대학에 갈 돈을 벌기 위해 잠시 이곳에서 일하고 있지만 언젠가는 나도 대학에 갈 거야. 대학에서 저널리스트가 되는 공부를 할 것이고 나도 너처럼 세계를 누비며 기사를 쓸 거야."

"멋지다! 네가 반드시 저널리스트가 되어 세계를 누빌 수 있을 거라 믿는다."

밤늦게 우리는 빗속을 뚫고 그의 집을 향해 달렸다. 그의 방에 도착하여 촛불을 켜고 비에 흠뻑 젖은 몸을 수건으로 닦고 누웠다.

6월 26일

이른 새벽 4시 반…. 5시 부르키나파소행 버스를 타기 위해 배낭을 짊어지고 일어섰다. 말릭은 나를 역까지 마중해주었다. 그가 말했다.

"나를 잊지 마. 난 널 잊지 않을 거야…."

난 그를 잊지 않을 것이다. 또한 기름때 묻은 그의 손이 언젠가는 날카로운 펜을 잡고 불공평해 보이는 이 세상을 향해 질문하기 시작할 날을 기도할 것이다.

BURKINAFASO

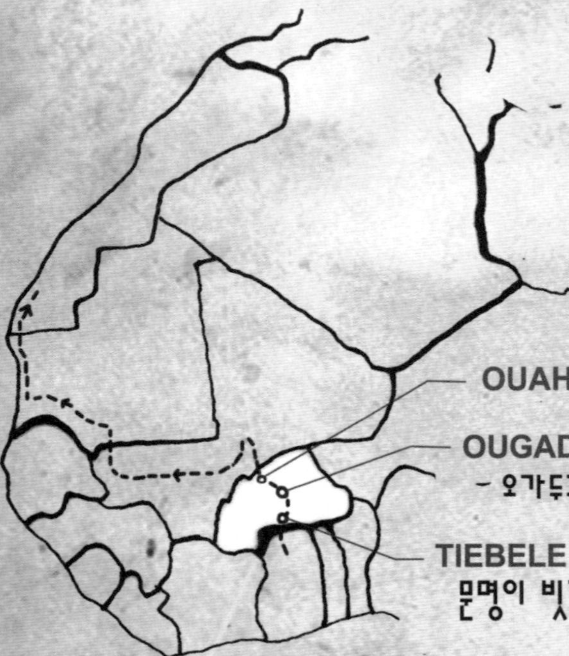

OUAHIGOUYA

OUGADOUGOU
- 오가두구에서 만난 그의 처제

TIEBELE
문명이 빗겨간 부족, 티벨레

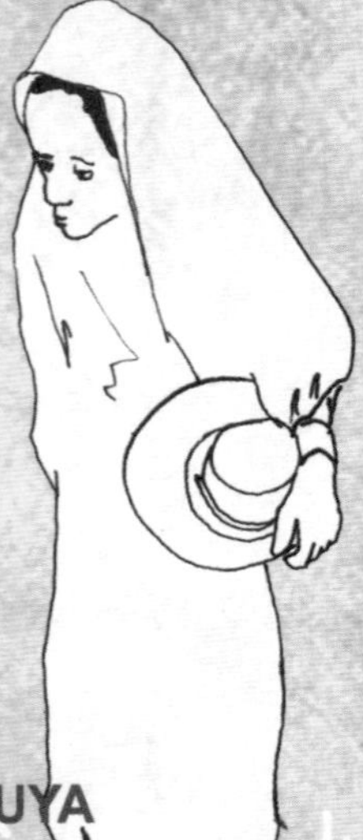

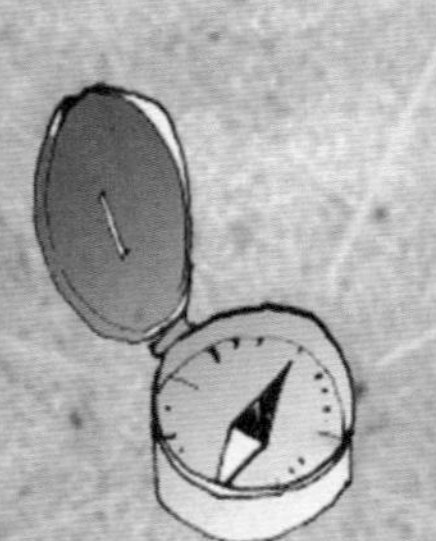

문명이 빗겨간 부족, 티벨레... 6월 26일

말릭과 헤어져 버스를 타고 부르키나파소 국경을 넘었다. 국경을 넘자마자 영어권에서 프랑스어권으로 넘어갔다. 더 이상 영어는 통하지 않았고 바로 프랑스 사전을 펼쳐들어야 했다. 첫 번째 목적지 티벨레 (Tiebele), 위대한 건축가들이 흙집을 짓고 사는 마을이라는 이야기에 이끌려 비포장도로를 한참 달려서 조그만 마을에 도착했다.

부족장의 집을 찾아가 하룻밤 묵어가는 것을 허락받고 마을 주변을 둘러보았다. 그들은 흙집을 짓고 나서 가족을 상징하는 문양을 벽 전체에 그려 넣어 독특하고 아름다운 집을 갖고 있었다. 그 집 지붕에 아름다운(?) 나의 텐트를 쳤다.

아이들과 한바탕 축구를 하고 나서 마을 한가운데에 있는 우물을 퍼 올려 샤워를 하는데 마을에서 하나뿐인 이 우물물을 길어 가기 위해 머리에 항아리를 얹은 아낙들이 분주했다. 힘겹게 퍼 올리는 아이들을 보고 그냥 있기가 뭐해서 한 녀석 두 녀석 도와준다는 것이 그만 내 뒤에 물을 퍼주길 기다리는 아이들의 긴 줄이 생겨버렸다. 그냥 가면 야박해 보일까봐 몇 녀석 더 해주다보니 어느덧 해가 기울었다. 그래도 같이 웃을 수 있어서 좋았다.

늦은 저녁, 추장은 나를 데리고 마을 한가운데로 갔다. 전기가 없는 이곳의 밤은 칠흑 같았고 추장 뒤만 졸졸 따라 허름한 가게에 들어가자 그가 하얀 묵 같은 음식(가바또)을 시켰다. 어둠 속에서 보이지도 않는 그 음식을 이제는 제법 자연스럽게 손으로 먹어치웠다. 다시 텐트에 돌아와 누우니 굵은 빗방울이 밤새 떨어졌다.

다음날 아주 조그만 지프차에 정확히 32명이 타고 그 마을을 빠져나왔다. 그나마 2층에 탔기에 숨 막히는 1층보다는 조금 나았지만 쏟아지는 비를 피할 수는 없었다.

> 현대의 이기와 조금 거리를 두고 있다보면 누구나 알게 된다.
> 우리의 가난은 외부로부터가 아니라 마음으로부터 온다는 것을.

TIÉBÉLÉ

티벨레에서 버스를 타고 밤 늦게 부르키나파소의 수도 오가두구(Ougadougou)에 도착하였다. 버스 정류장에서 말이 안 통하는 택시 기사들에게 여행 책자에 나와 있는 숙소를 힘겹게 묻고 있는데, 한 남자가 서툰 영어로 나에게 길을 알려 주었다. 그는 택시를 타고 가라고 조언했지만 난 돈을 아끼기 위해 멀지 않으면 걸어가겠다고 하였다. 그러자 그가 말했다.

"이곳 숙소는 생각만큼 싸지 않다. 그러지 말고 우리 집에 가지 그래?"

그는 선뜻 나를 초대하였다. 나는 조금은 망설였지만 그와 함께 있던 아내를 믿고는 택시를 타고 그의 집으로 향하였다. 그의 이름은 다부라카(Daburaka), 말리에서 부르키나파소로 넘어와 아내와 결혼하였다고 했다.

가나 해협에서 어선을 타는 9개월 동안 많은 한국인, 중국인, 가나인들을 만났고 영어도 그때 배웠다고 했다. 읽고 쓸 줄은 모르나 영어로 의사 표현을 하는 데 불편함은 없어 보였다. 가나에서 나이지리아로 넘어가 일하며 여행하였고, 3주 전 다시 이곳에 돌아와 일자리를 구하고 있었다. 나는 그의 거실 소파를 침대 삼아 지낼 수 있었다.

한 나라의 수도라지만 지구에서 가장 가난한 수도 중 하나인 오가두구는 여기저기 비포장도로에 빗물이 고여 있었다. 그의 집은 12가구 정도가 모여 사는 단층 연립 주택으로 가구마다 방 한 칸, 거실 한 칸씩이 있었고, 조그만 샤워 시설이 방에, 조그만 부엌이 거실에 붙어 있었다. 그래봐야 전체적으로 7평 정도 되어 보이는 집이었고, 작은 화장실은 공동으로 사용하고 있었다.

조금 좁은 듯한 곳이었지만 새집이라 깨끗이 정돈되어 있었고, 이곳에서 이정도 집을 구하는 것도 현지인에게는 쉬운 일이 아니었다. 집에 오자마자 그의 아내는 주스며 빵, 계란말이 등을 내주었다.

6월 28일

오전에 그는 나를 오토바이에 태우고 은행이며, 버스 정류장 등 내가 원하는 모든 곳으로 데려다 주었다. 오후엔 집에서 쉬면서 프랑스어를 배웠다. 이렇게 나를 아무 대가 없이 편하게 쉬도록 해주는 곳도 처음이었다.

저녁에 그의 처제가 놀러 왔다. 18세 정도 되어 보이는 어린 여자아이였다. 다부라카는 그녀가 어떠냐며 물었고, 난 미인 처제를 두었다며 화답하였다. 그러자 곧장 그는 내가 원하면 오늘 밤 품어도 좋다며 짐짓 심각하게 그녀와의 동침을 권하였다. 난 한국에서는 결혼

전에 절대 관계를 갖지 않는다는 과장 섞인 설명으로 그 상황을 모면
하였다.

잠시 후 그와 그의 아내가 자리를 비웠을 때였다. 그녀는 휴대폰을
열고 어디서 구했는지 모를 성인 영상물을 재생시켰다. 난 적잖이 당
황했으나 점잖은 척하며 보던 불어 사전만을 뚫어져라 보고 있었다.

그녀는 한 발 더 도발적으로 자신의 휴대폰을 나에게 불쑥 내밀며
내 옆에 찰싹 달라붙었다. 난 그 갑작스러운 상황 속에서 말도 통하
지 않는 그녀에게 무슨 말을 해야 할지 몰라 잠시 동안 말없이 그 영
상을 감상(?)하였다.

10년 같은 5분간의 영상이 드디어 끝나고 아무 일 없었다는 듯, 이
런 영상쯤 나에게는 별거 아니라는 듯 '허허…' 웃어 보이며 다시 사
전을 읽기 시작했다. 그녀는 내 귓불과 입술을 만지작거리며 '응?
응?' 하며 무언가 묻고 있었다.

그때였다. 다부라카가 돌아왔고 그가 갈 곳이 있다며 나를 불렀다.
난 어디로 가느냐고 묻지도 않고 상황을 모면할 수 있는 그 유일한
기회를 놓치지 않았다.

나라고 해서 왜 그녀를 안고 싶지 않았겠는가.

다만 내일 떠나야 하는 여행자인 내가 내일도 여기 남아 있어야 할
그녀에게 책임지지 못할 일을 하고 싶지 않았으며, 그녀가 어떻게
생각하든 어린 그녀의 몸은 나의 하룻밤 욕정보다 소중하기에 함
부로 할 수 없었다.

6월 29일

더 쉬다 가라는 다부라카의 친절을 뒤로 하고 다음날 아침, 오히고야(Ouahigouya)로 떠나기 위해 버스 정류장으로 향하는 길에 다부라카가 동행해주었다. 그는 내가 그의 집에서 머무는 동안 지금까지 머문 그 어떤 집보다 나를 편하게 해주었다.

버스 정류장에서 내 주소도 묻지 않고 그저 행운만을 빌어주려는 그를 잡아 주소를 교환하였다. 지금까지 얻어먹기만 한 것이 미안해서 그에게 약간의 돈을 쥐어주려 했으나 그는 한사코 받지 않았다.

"니가 나를 친구라고 생각한다면 그 돈은 필요없다."

여행을 하다 보면 현지인으로부터 초대를 받고 며칠을 쉬어 가는 일이 많이 있다. 직접 경험해보지 않은 사람이라면 그저 여행 중에 일어나는 흔한 일들 중 하나라고 생각하겠지만, 평생 볼 일 없을 것 같던 지구 반대편 다른 인종 사람을 만나 함께 며칠을 생활하면서 서로의 삶을 공유하는 일은 사실 얼마나 큰 인연이며 소중한 경험인가.

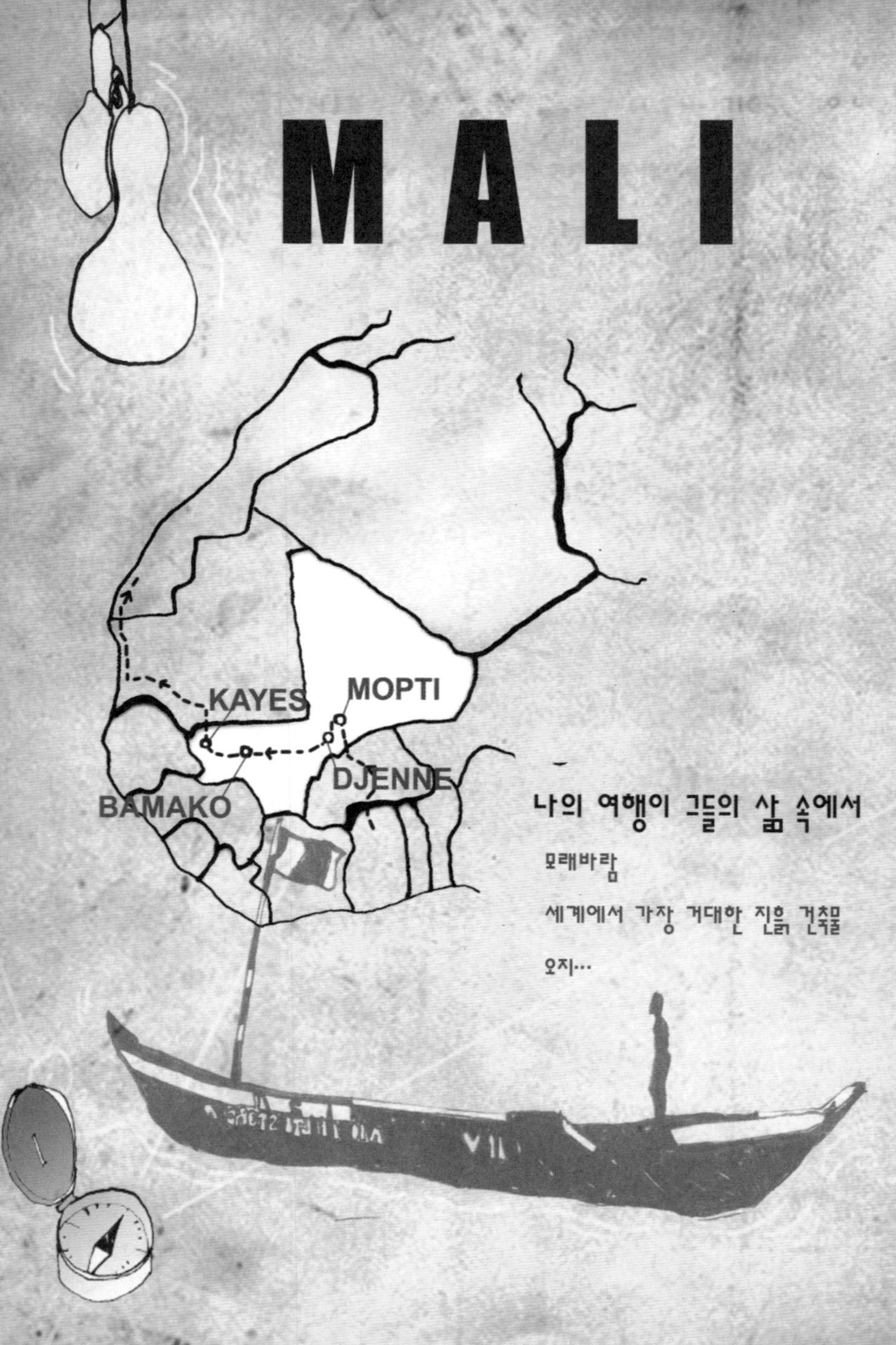

MALI
KAYES
MOPTI
BAMAKO
DJENNE
나의 여행이 그들의 삶 속에서
모래바람
세계에서 가장 거대한 진흙 건축물
오지…

나의 여행이 그들의 삶 속에서... 6월 30일

다부라카와 헤어져 부르키나파소 북부 도시 오히고야에 왔다. 다음 날 새벽 6시, 16명을 우겨 넣고 출발한 작은 봉고차는 포장도로와 비포장도로를 몇 차례 반복해 달린 후 오전 10시경 말리 국경에 도착하였다. 검문으로 차가 설 때마다 사람들은 모두 밖으로 나와 접혀 있던 몸을 사정없이 펴고 있었다.

말리 국경에서부터 작은 도시 몹티(Mopti)에 가기 위해 짐차로 바꿔 탄 후 4시간을 더 달렸다. 네모난 상자와 같았던 짐칸에는 발 다딜 틈 없이 사람이 꽉 찼다. 난 창밖으로 계속 구토를 하는 한 여인의 옆자리에서 그녀의 아이를 안고 쪼그려 앉아 있었다.

작은 창틈으로 밀려오는 흙먼지를 마시며 내 품에서 해맑게 웃고 있는 아이와 멀미를 해가면서도 차를 타고 이 길을 가야만 하는 여인을 바라보며 그 고된 삶이 안타까웠다.

 이럴 때면 늘 나의 여행은 그들의 엄연한 삶 속에서 사치가 되어버리고, 난 또 하염없이 부끄러워진다.

모래바람

몹티에 도착하여 캠핑이 가능한 숙소에 텐트를 펴고 자리를 잡았다. 몹티는 나이지리아 강을 끼고 발전된, 역사 깊은 도시로 많은 사람들이 강에 의지해 생활하고 있었다. 저녁 무렵 얕은 물에서 고기를 잡는 아이의 모습이 평화로워 보였다.

강 건너편 마을에 가보기 위해 배를 타고 있을 때였다. 내가 지나온 쪽 하늘에서 주황빛이 뿌옇게 일어나기 시작하였다. 나의 용감한 뱃사공은 바짓단을 걷어붙이고 다시 노를 잡았다.

모래바람이었다. 모래바람은 세상을 조금씩 지워가며 내게로 오고 있었다.

　　잠시 후 모래가 세상의 빛마저 지워버렸을 때 난 그 낯선 흙 빛 어
둠 한가운데서 카메라를 고쳐 잡았다. 바람이 나를 밀어내듯 들어 올
리고 어둠 속 모래알들이 총알처럼 나를 때리고 할퀴며 지나가고 있
었다. 배를 간신히 물가에 대고 바람을 피해 마을 안으로 달려 들어
갔다.

20여 분쯤 지났을까….

모래바람을 따라온 폭우가 세상을 곧게 씻어 내리기 시작하였다.

쓸어갈 듯 마른 모래바람이 인 후에 그 모두를 잠재우는 곧고 무거운 빗줄기….

극에서 극으로 변하는 이 낯선 세상 속에서 난 옷이 젖는 것도 잊은 채 아이들과 비를 맞고 있었다.

몹티를 떠나 세계에서 가장 거대한 진흙 건축물을 보기 위해 제네 (Djenne)에 왔다. 1,000세파(한화 2,000원 정도)에 현지 가이드를 구해서 마을 곳곳을 둘러보았다.

Djenne Grand Mosque

이슬람 종교 사원 건물. 흙으로 지어진 건물 중 세계 최대 규모로, 1988년 유네스코 세계문화유산으로 지정되었다. 진흙으로 지어진 이 건물은 마치 하나의 유기체처럼 부드럽게 땅 위에 웅크리고 있었다.

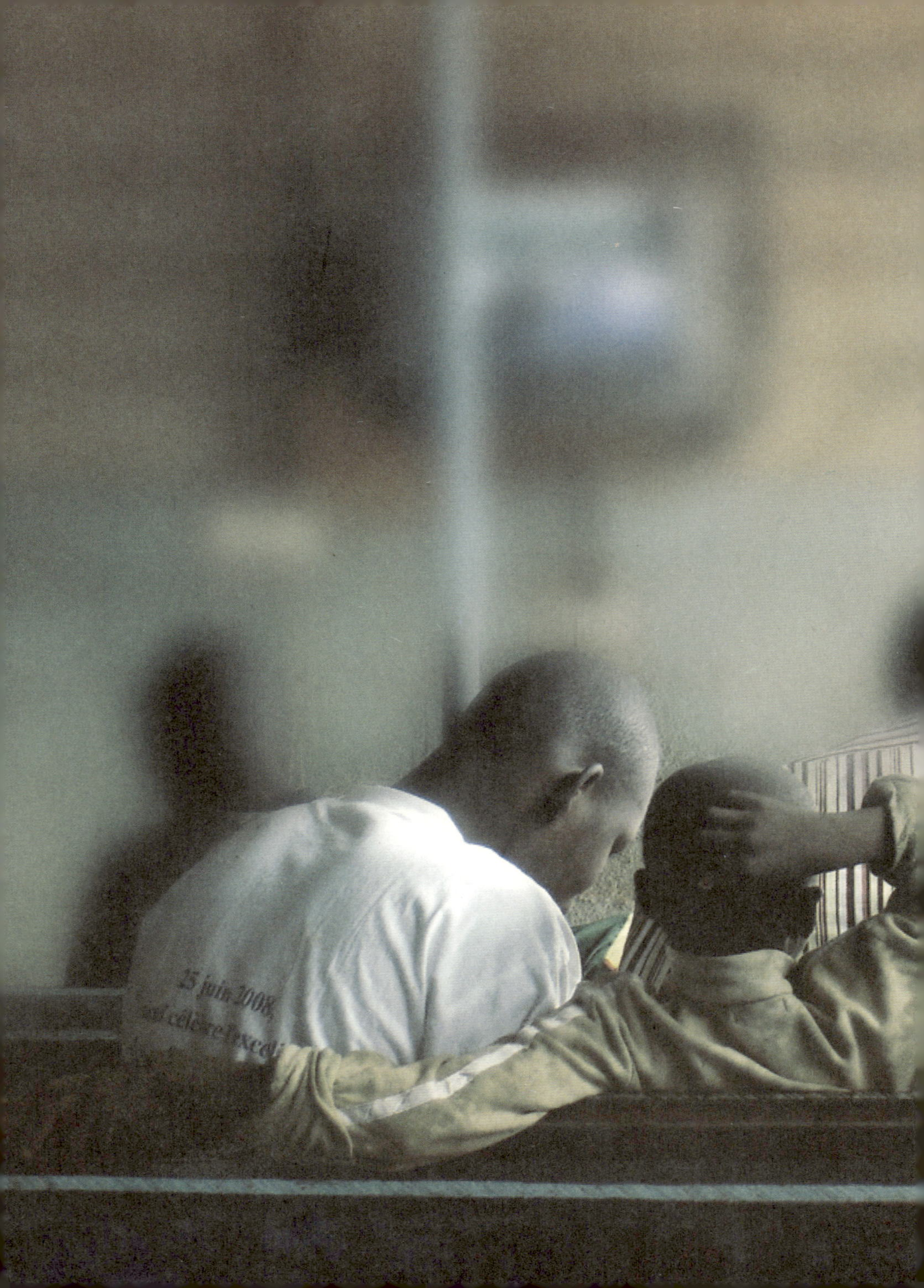

25 juin 2008
célèbre l'excel

오지… 7월 3일

세상은 오지와 같다.
난 무엇 무엇의 정의들을 외고 있지만 정작 나를 정의하진 못한다.
어느 책에 나와 있는 어느 글귀도 내 삶을 설명해주지 못한다.

그 흔한 설명서 하나 없는 이 오지 속에서 한 발 나아가는 것에도,
물러서는 것에도 확신은 없지만, 그저 할 수 있는 것은
내가 잡고 있는 그들의 손을 통해
내가 그들에게 익숙한 세상이 되어 주는 것이다.

서로가 서로에게 어제와 같은 오늘이 되어 주는 것이다.
난 아무것도 모르고 다만 나에게 익숙한 세상들을 알고 있다.

— 말리의 어느 버스 정류장에서 네 명의 눈먼 형제들이 서로에게 의지해 손을 잡고 들어올 때 —

MOURITANIA

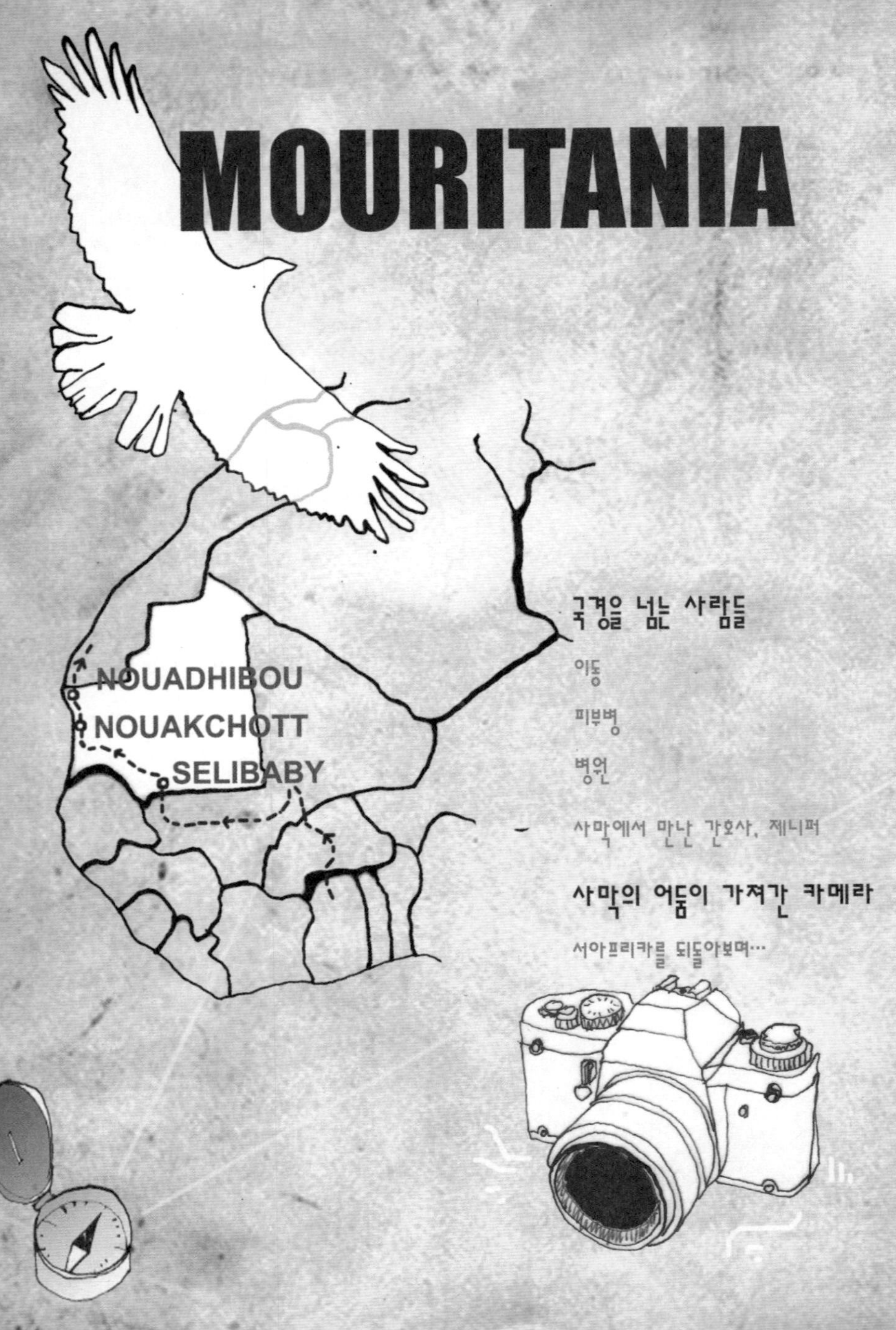

NOUADHIBOU
NOUAKCHOTT
SELIBABY
국경을 넘는 사람들
이동
피부병
병원
사막에서 만난 간호사, 제니퍼
사막의 어둠이 가져간 카메라
서아프리카를 되돌아보며…

국경을 넘는 사람들… 7월 6일~10일

이동 첫째 날(7월 6일)

제네에서 말리의 수도 바마코(Bamako)로 온 후 모리타니아 낙찻 (Nouakchott)으로 가기 위해 버스를 탔다. 버스 회사 측 설명으론 27 시간 정도 걸릴 것이라고 하였다. 오전 7시부터 분주했던 버스가 9시 가 되어서야 움직이기 시작했다. 12시간을 달려 밤 9시, 버스가 말리 와 모리타니아 국경 근처 카이예스(Kayes)에 도착했고, 어둠 속으로 피곤한 몸뚱이들을 토해냈다.

사람들은 버스 정류장 광장에 돗자리를 펴고 털썩 쓰러져 하룻밤을 보냈다.

난 달라붙는 모기들과 말라리아가 두려워 차마 맨땅에 눕지 못하고 광장 한 구석에 텐트를 쳤다.

이동 둘째 날(7월 7일)

다음날 아침, 무언가 일이 어긋나기 시작했다. 나와 같이 모리타니아로 가고 있다고 생각했던 사람들이 세네갈로 가는 버스로 갈아타고 떠났고, 나는 모리타니아로 가는 버스가 오기만을 기다렸다. 그런데 버스 회사 측에서 이상한 말을 했다.

"모리타니아로 가는 직행버스는 없으니 이곳에서부터 트럭을 타고 국경을 넘어가라. …트럭 값은 우리가 계산할 것이고 1만 세파를 줄 테니 이 돈으로 모리타니아 국경에서 다시 버스를 타고 낙찻으로 가면 된다."

"무슨 소리냐? 난 말리에서 낙찻까지 직행버스 티켓을 샀다. 이럴 줄 알았으면 분명 다른 회사 티켓을 샀을 것이다! 그리고 그 돈으로 낙찻까지 갈 수 있다는 보장도 없지 않은가!"

아프리카 여행을 하며 누구의 잘못이건 내가 바꿀 수 없는 상황에 대해서는 쉽게 단념해버리는 습관이 몸에 밴 탓일까? 어떤 하소연도 그들에게는 통하지 않는다는 걸 아는 난 몇 마디 더 해보지도 못하고 트럭을 기다렸다.

오후 2시, 트럭을 타고 모리타니아 국경을 향해 출발하였다. 그나마 돈을 조금 더 내고 조수석에 탔지만 짐칸에 앉은 사람들은 무섭도록 세차게 쏟아지기 시작하는 비를 그대로 맞으며 가야 했다.

그런데 내가 가지고 있는 지도를 펼쳐보니 분명 이곳부터 국경까지 연결된 길이 없었다. 나의 궁금증은 쉽게 풀렸다. 정말 길이 없었다.

그저 넓은 평야에 간간이 보이는 바퀴 자국을 따라 가는 길이었다.

설상가상으로 하늘에 구멍이 뚫린 듯 퍼붓기 시작하는 빗줄기로 평야
는 이미 얕고 넓은 호수같이 변해 있었다. 차는 그저 북쪽을 향해 나
아갈 뿐이었다. 간혹 물 위로 솟아 있는 낮은 언덕에 난 바퀴 자국을
보고 차는 힘겹게 방향을 잡아야 했다.

두렁을 만나 차가 요동치면 짐칸에 타고 있던 사람들이 후드득 물
위로 떨어졌다. 바퀴는 핸들이 무색할 정도로 물 위를 미끄러지고 있
었다.

간혹 비가 만든 개울을 만날 때면 차에서 내려 개울을 건넌 후 차
가 건너오길 기다렸고, 차가 넘어오지 못하고 개울에 빠지면 모두 달
려가 개울 밖으로 차를 밀어 올렸다. 차가 도랑에 빠지고 빼내기를 여
러 번 반복한 후에 저녁 7시쯤 조금 지대가 높아 보이는 작은 마을에
도착하였다.

이런 곳에도 누군가는 가축을
먹이며 살고 있었다. 우리는 잠시
마을에서 옷을 말리고 누군가는
알라신께 기도를 하고 다시 차에
탔다. 아무리 힘든 상황에서도 하
루 5번의 기도를 잊지 않는 그들
에게는 이 힘든 여정도 모두 신이
준비한 가르침으로 생각될까?

밤 8시…

다시 시작된 이동에서 우리는 모두 내려 차가 혼자서도(?) 얼마나 잘 갈 수 있나 지켜본 뒤 차가 30여 미터 앞의 다른 진흙에 빠지면 다시 그곳까지 걸어가 차를 밀어내는, 차가 외려 짐이 되어버린 웃지 못할 이동을 반복하고 있었다.

밤 9시, 깊은 진흙에 빠진 차가 이제 꼼짝을 않는다. 계속되는 비로 이제 바로 앞 낮은 언덕을 제외하고는 사방이 호수처럼 물에 빠져 있다. 한 시간을 차와 씨름하며 밤 10시가 되어서야 간신히 그 차를 바로 앞 언덕에 올려놓는 데 성공하였다.

차를 언덕에 올려놓고 바라보니 마치 우리가 어느 섬 한가운데 있는 듯 사방이 물로 가득했다. 그 언덕은 오래전부터 우리를 기다리고 있었다는 듯 거기 있었다. 그 위에서 사람들은 하루의 마지막 기도를 하고 있었다.

사람들은 돗자리를 펴고 눕고 난 텐트를 쳤다. 텐트 안에서 버리기 위해 잠시 가방에 넣어두었던 설익은 탱자 열매 대여섯 개를 조용히 꺼냈다. 하루를 꼬박 굶고 나니 뭐라도 먹을 수 있을 것 같았다. 혹시라도 남에게 들킬세라 숨죽여 가며 씹어 삼키기 시작했다. 강렬한 시큼함에 눈물이 찔끔 났다. 갑작스럽게 맺힌 눈물이 가슴을 흔들었다.

'쳇!' 하며 눈물을 털어버리고 텐트에 털썩 누웠다. 단단한 내 등판을 두어 번 땅에 찧으며 텐트 바닥과 내 마음을 다졌다. 그 순간, 수만 마리 세상 모든 것들의 울음소리가 거대한 울림처럼 강렬하게 느껴졌다.

이동 셋째 날(7월 8일)

다음날 아침, 비는 멎었고 간간이 길이 보였다. 불을 지펴 고단했던 지난밤을 추슬러 다시 길을 떠났다. 정오 즈음 드디어 말리와 모리타니아 국경에 도착하였다. 그곳에서부터는 차에서 내려 짐을 당나귀 마차에 싣고 뜨거운 태양 밭을 걸어갔다.

태양밭의 끝에서 강을 만나 짐을 배에 옮겨 싣고 건너가니 드디어 모리타니 국경에 도착하게 되었다. 그곳에서 다시 지프차를 타고 한참을 달려가 오후 5시경 '셸리바리(SELIBABY)'라는 작은 국경 마을에 도착하였다.

그곳에서 다시 다음날 아침에 있을 낙찻행 버스를 타기 위해서는 하루를 기다려야 했다. 아무도 내가 가진 달러를 환전해주지 않아, 가진 돈 모두를 숙소값으로 쓰고, 남은 돈으로는 음식을 별로 사지 못했다. 우선 물부터 사서 마셨다.

이동 넷째 날(7월 9일~10일)

셀리바리에서 오전 10시에 탄 지프차가 20시간이 지난 다음날 새벽 5시에 드디어 낙찻에 도착하였다. 말리 바마코에서 출발한 지 4일 만이었다. 이 4일간의 이동에서 난 오른쪽 다리에 화상과 왼쪽 목에 피부병을 얻었다.

❱ 여행은 때로 자유의 대가를 요구한다. 기껏 자유롭기 위해 그 대가를 지불해 놓고 그것에 얽매인다면 잃고 또 잃는 것이다.

피부병

　이 녀석이 내 목에 생긴 것을 처음 발견한 것은 진흙탕을 헤치고 나온 그 다음날 셀리바리 마을 숙소에서였다. 손끝에 돌기 같은 것들이 만져졌고 심상치 않음을 느꼈다. 감염 부위를 내 눈으로 확인하고 싶었으나, 그때 처음 내 눈으론 내 목 어느 한구석도 볼 수 없다는 사실을 실감했다. 숙소 어디에도 거울은 없었고 그날 밤을 불안 속에서 잠이 들었다.

　다음날 길가에 주차된 사이드 미러로 목을 처음 봤을 때 그 혐오스러움에 가슴이 덜컥 하였다. 풍토병인가 싶어서 길가는 사람들을 붙잡고 목을 가리키며 '이것에 대해 아는 것이 있냐?'는 손짓을 해 보이기를 수차례, 모두들 자신들의 목을 북북 긁으며 모르겠단 표정뿐이었다.

　불안감이 극에 달할 무렵, 난 불현듯 불안감 그 자체에 놀라 자리에 털썩 주저앉아 버렸다. 난 이 여행에서 무엇이 준비되어 있으며 얼마나 각오하고 있을까? 내가 바라는 무엇을 위해 내가 각오한 만큼 버릴 수 있는 준비가 난 되어 있을까?

　말리 바마코에 있을 때 한국 여류 사진작가 한 명을 만난 적이 있다. 어느 여행자보다도 깊이 그들 속으로 들어가 그들이 되어 그들을 담아내고 있는 작가였다. 그녀의 사진에서 느껴지는 피사체와의 친밀함은 작가의 존재를 사진에서 지워버렸고, 마치 내가 그 사진 안에서 그들과 직접 소통하는 듯한 느낌을 받았다. 그녀는 몸 여기저기 아직 남아 있는 반점들을 보여주며 마사이족과 함께 살며 마셨던 물 이야기를 했다. 그쯤은 별것 아니라는 듯 이야기하던 그녀를 생각하며 지금 이 작은 피부병으로 혼란스러워하는 내가 부끄러워졌다.

이 나라 수도에 가면 무언가 해결책이 있겠지 하는 마음에 낙챳으로 가는 차를 기다리고 있었다. 그런데 잠시 후 한 할아버지가 내 옆에 앉아 나를 한참 바라보더니 눈빛과 손짓을 섞어 말하기 시작하였다.

"목에 난 그것 말이다. …병원에 가면 연고 같은 약을 줄 거야. 그것을 하루 꼭 세 번 목에 잘 발라주면 낫는 병이니 걱정 말게."

의미는 언어보다 위에 있다. 형식인 언어보다 그 의미에 집중하면 아이의 옹알이를 이해하는 어미처럼, 아무 말 없어도 어색하지 않은 친구처럼, 할아버지의 현지어를 이해한 나처럼 우리는 서로 소통할 수 있게 된다.

우리에게 중요한 것은 많이 소리 내는 것이 아니라 적은 소리에도 의미를 담는 것이 아닐까? 할아버지의 그 말이 얼마나 위로가 되던지 난 뜬금없이 하늘나라에 있는 나의 할아버지가 보고 싶어졌다.

병원

이 나라 수도 낙챳에 도착하여 여행자 숙소의 마당 천막 안에 자리를 잡은 뒤, 지친 몸을 이끌고 내가 가장 먼저 간 곳은 국립 병원이었다. 피부과 병동을 찾아 줄을 서서 기다리는데 남자 줄, 여자 줄이 따로 있어 한 명씩 번갈아가며 진료를 보고 있었다. 시간이 갈수록 좁은 공간은 복잡해졌고 서로 밀고 당기고 무언가 소리 높여 다투기 시작하더니, 내 차례 바로 앞에서 줄이 무너졌다. 진료 마감 시간이 다가오자 뒤에 있던 사람들이 못 참고 끼어든 것이 원인이었다. 결국 난 그들 틈에서 빠져나올 수밖에 없었다.

그곳에서 나와 진료비가 비싼 개인 병원으로 가서 약을 얻을 수 있었다.

의사를 만나기 위해 먼 길을 왔을 그들에게 내일은 너무 늦다는 것을 이해할 수 있었으나, 줄을 통제하는 간단한 시설물이나 안내원 하나 세워두지 않는 병원 측을 쉽게 이해할 수 없었다. 지금 한국에 있는 외국인들은 어떤 의료 서비스를 받고 있으며, 그들은 우리의 어떤 모습들을 비난하고 있을까?

사막에서 만난 간호사, 제니퍼

그녀를 처음 만난 것은 병원에 다녀온 다음날 아침 숙소 천막에서 자고 일어났을 때였다. 어젯밤 늦게 도착하여 같은 천막에서 잔 것으로 보이는 여자 한 명이 나에게 인사를 건넸다. 그녀를 아침 식사에 초대했고, 우린 금방 친해졌다. 그녀는 모로코에서 세네갈로 내려가는 길이었는데 혼자 여행하고 있었다. 그녀는 내 목을 보자마자 각종 항생제와 알코올, 붕대 등을 꺼내서 아낌없이 주기 시작하였다. 그녀의 아버지와 어머니는 미국에서 모두 간호사로 일하고 있어 어릴 적부터 어깨너머로 본 것들이 있다며 나를 간호해 주었다. 아버지와 통화를 해서 가지고 있던 약의 정확한 사용법을 물어본 뒤 나에게 건네주기도 하였다.

그녀는 또한 한국을 여행한 적이 있었고 그 당시의 경험에 대하여 말해주었다. 외국인이 느끼는 관광지로서의 한국은 어떤 모습일까 늘 궁금했기에 그녀의 이야기를 흥미롭게 들었다.

"아! 세상에. 한국 요리 말이야! 정말 굉장했어. 작고 다양한 조그만 접시들이랑 메인 요리…. 그리고 특히 김치! 난 그게 너무 맛있어서 지금 미국에서도 가끔 아무것도 없이 김치만 먹을 때도 있어. … 그리고 그거 뭐였지… 풀잎위에 고기…."

"아! 삼겹살?"

"응! 그래, 그거. 우리들 사이에서는 삼겹살이 beaf on the leaves(풀잎 위의 고기)로 통해. 그것도 얼마나 맛있던지. 아, 난 다시 한국에 꼭 가야 해."

"한국에 오면 꼭 나에게 연락해줘. 좋은 한국 식당을 안내하지!"

그녀의 김치 이야기는 벌써 몇 개월 동안 김치 냄새도 못 맡은 나를 조금은 고통스럽게 했지만, 나의 조국 한국에 대한 뿌듯함으로 기분 좋은 이야기들이었다. 내가 그녀에게 해준 것이 있다면 볶음밥 세 끼가 전부이지만, 그녀는 특유의 명랑함과 친절함으로 지쳐 있던 나의 심신을 위로해주었다.

홀로 여행하는 사람들끼리는 서로 쉽게 친구가 된다.
만남의 대상을 스스로가 만든 고독의 여백 위에 올려 놓았기에 서로에게 순수하게 집중할 수 있는 것이다.

낙찻에서 오후 5시에 탄 버스가 사하라 사막, 모래의 바다를 달려 6시간 만에 모리타니아 북쪽 끝 작은 마을 노아디부(NOUADHIBOU)에 도착하였다. 밤 11시를 넘긴 사막의 밤공기는 생각보다 더 싸늘했고, 잔뜩 움츠린 몸으로 택시에 몸을 실었다.

그렇게 10분 정도를 달렸을 때 차는 마을을 빠져나가 어두운 길로 접어들기 시작하였다. 이미 그 전에 몇 차례 반복했듯이, 이번에도 가로등 없는 어두운 길일 거라고 생각했지만 5분여를 더 달려 정신을 차리고 주위를 둘러보니 마을은 저 멀리 있고, 차는 사막 한 가운데를 달리고 있음을 눈치챌 수 있었다.

"이봐, 멈춰! 멈춰!! 멈추라고!!!"

그는 거칠게 차를 세웠고 차가워진 눈빛으로 나를 쏘아보며 무어라 날카롭게 외쳤다. 서로를 노려보는 그 짧은 순간에 좁은 공간을 벗어나야겠다는 생각이 스쳤고, 가방을 움켜쥐고 차 문을 박차고 나갔다. 10여 미터쯤 달린 후 나는 가벼워진 손을 느꼈고, 돌아보니 그가 차에서 내려 땅에 떨어진 내 카메라 가방을 집어 들고 만족한 듯 운전석으로 걸어가고 있었다.

그때 그가 멈춰 서 있는 나를 보고 흠칫 놀라는 듯하더니 트렁크를 열고 내 큰 배낭을 던졌다. 그리고 달빛을 받아 시퍼렇게 빛나는 쇠꼬챙이가 그의 손에 쥐어진 것을 보았을 때 나는 가슴이 철렁 내려앉았다. 그것이 나를 향해 허공을 가르며 날아오기 시작하자 난 본능적으로 거리를 두어가며 아슬아슬하게 피하기 시작했다. 예전에 취미 삼아 어설프게 배워두었던 권투가 오늘 이곳에서 쓰일 줄 누가 알았을까. 위협적이지만 살기가 없는 그 쇠꼬챙이질이 끝나자 그는 서둘러 운전석으로 되돌아가 문을 닫고 시동을 걸었다. 카메라를 되찾아야 한다는 생각에 조수석으로 달려가 이미 깨져 있던 창문에 손을 넣어 카메라 가방을 잡았다. 그 역시 가방을 잡았고 그렇게 밀고 당기기가 시작되었다. 차가 출발하자 나는 조수석 문을 잡고 매달렸다. 그러나 5미터 정도 딸려갔다가 모래 바닥으로 굴러 떨어졌고, 그렇게 그는 내 카메라를 가지고 가버렸다.

사막은 고요했다. 방금 전에 벌어진 일이, 수천 년 동안 수많은 인간들의 전쟁을 보아온 사막에게는 별일 아니라는 듯 벌써 모래바람은 바퀴 자국을 묵묵히 지워내기 시작하였고, 달빛을 머금은 모래가 다시 어두운 밤하늘을 향해 옅은 빛을 뿜어내고 있었다. 그 빛을 따라 여기저기 널브러진 가방들을 챙겼다. 그때서야 내 심장의 터질 듯한 방망이질이 느껴졌다. 잠시 후, 사막의 개들이 달려와 사납게 짖어대기 시작하였다. 개들을 쫓아낸 후 빛이 보이는 마을 쪽으로 뛰었다. 배낭을 고쳐 메는 것도 잊은 채 한쪽 어께에 모든 짐을 짊어지고 뛰고 또 뛰었다.

밤 1시 반경, 내가 가려 했던 숙소에 도착해 예정대로 개인 방이 아닌 값싼 야외 천막에 촛불을 켜고 자리를 폈다. 이렇게 힘든 날에는 방에서 자도 좋으련만 얼마 되지도 않는 방값을 아낀다고 고집부리는 나 자신에게 화가났다. 거친 모래바람에 천막과 촛불이 사정없이 흔들렸다. 촛불 앞에 앉으니 여러 가지 생각들이 나를 한참 동안 잠 못 이루게 했다.

그리고 나 스스로를 위로하기 시작하였다.

몸 다친 곳 없으니 된 거다.

사진기는 이 여행을 계속하는 데 지장 없다.

그에게도 그래야만 했을 그 나름의 사정이 있었을 것이다.

서아프리카를 되돌아보며…

그동안 했던 그 어떤 여행보다 힘들었고 또 행복했다.

어부, 오토바이 수리공, 여행가, 사진작가, 국경을 넘는 사람들, 의사, 강도 등… 여러 사람을 만났다. 그저 스쳐 가는 만남이 아닌, 두 삶이 만나서 잠시 그 삶을 나누어 가졌다.

또 어부들의 바다, 모래 폭풍과 폭우, 국경에서의 진흙탕, 모래의 바다 사하라 등 그 어느 곳에서도 볼 수 없었던 풍경들을 지나왔고 무엇보다 죽음의 공포를 경험했던 그날의 황량한 어둠 속에서 삶과 죽음의 의미와 가진 것과 잃은 것의 의미에 대해 수없이 많은 질문들을 사막의 바람을 향해 쏟아 내었다. 지금 난 생의 어떤 순간보다 내가 이 세상에 조용히 존재함을 느낀다.

MOROCCO

프랑스 할아버지와 함께한 치유의 4일

작은 학교의 페인트 공이 되다

아름다운 마을에서 발견한 행복

논쟁

함께했던 친구들

마지막 날

자유로운 여행이기 위해

소리 내지 않아도

믿음의 종교

모로코의 삶 속으로

아나스가 말하는 행복

현재와 혼합하는 모로코 전통 문화

리다와 함께한 봉사활동

아프리카 나를 놓아줘…

신의 섭리

낭만의 마을, 쇼

남자셋, 달 하나 그리고 음악

팀명 '25'

멕시코 여인

그림

신의 섭리

예술 제봉가로 일하다

예술 제봉

믿음의 순서

여름밤에 만난 장애인

죽음

카메라가 없어진 후

프랑스 할아버지와 함께한 치유의 4일
... 7월 13일~16일

첫째 날(7월 13일)

모리타니아 노아디부에서 모로코로 가기 위해 국경까지 가는 유일한 교통수단인 택시를 탔다. 그곳에서 우연히 혼자 자가용으로 여행을 하고 있는 프랑스 할아버지를 만났다. 나를 데려온 택시 기사는 할아버지께 나를 태워줄 수 있느냐고 프랑스어로 대신 물어봐 주었다.

그러자 대뜸 할아버지가 나에게 와서 물었다.

"마약 가지고 있나?"

할아버지의 갑작스런 첫 질문에 잠시 당황했지만 웃으며 대답했다.

"아… 아뇨. 아무 약도 안 가지고 있으니 걱정 마세요."

할아버지는 이 한마디 질문으로 나를 차에 태워주었다. 모로코는 무비자국이었지만 그만큼 입국 수화물 심사가 엄격하여 4시간에 걸친 오랜 기다림 끝에 우리 차례가 왔다. 짐을 모두 차 밖으로 꺼낸 후에야 입국 심사가 끝났다. 할아버지는 이곳의 입국 수화물 심사가 엄격한 것을 알았기에 나에게 약을 소지했는지 미리 물어보았던 것이다.

그렇게 국경을 넘어 우리는 모로코 최남단의 도시 다크라(Dark-hra)를 향해 달렸다. 해변을 따라 곧게 뻗어 있는 길이었다. 길 왼쪽으로 가파른 절벽이 이어져 있고, 절벽 아래에는 사람 하나 없는 무인 해변이 있었다. 신비로운 연둣빛으로 형형한 천국의 해변이 길 오른쪽에 끝없이 펼쳐진 사하라 덕분에, 인간의 손길로부터 깨지지 않고 아직 그 태초의 투명함을 잃지 않았다.

간혹 낙타 무리를 이끌고 지평선 너머를 휘휘 넘어가던 사람이 잠시 멈추어 알라신께 엎드려 기도하는 모습을 볼 때면, 그 낯선 풍경과 삶의 방식에서 나와는 다른 어떤 다른 종의 생명체를 만나는 것 같은 느낌을 받았다.

그들이 적은 물로도 살 수 있는 이유는 물을 마시기 위함보다 기도를 위해서 사용하기 때문일 것이다. 물질이 인간의 탐욕이 아닌 필요를 위해서 쓰이기에 사람들은 늘 자신이 가진 것에 감사하며 살 수 있는 것이다.

아스팔트 길 위로 모래 바람의 잔물결이 해풍을 따라 흐르고, 차는 때때로 길 반쪽을 덥석 물고 있는 고운 모래 언덕을 피해 가며 달리고 있었다. 두 달여 만에 가장 편안한 이동이었다. 더 이상 붐비는 사람들 틈에 끼어 갈 일도 없었으며, 에어컨 빵빵한 차에 할아버지와 나뿐이었다. 더군다나 무임승차이니 더할 나위가 없었다. 이게 말로만 듣던 캠핑카 여행이었다.

다크라에 도착한 것은 저녁 7시경, 할아버지는 도시에 들어가기 전에 보이는 캠핑 장소에 차를 세웠다. 캠핑이 가능한 숙소는 익숙했지만 캠핑만을 위한 곳에 와본 것은 처음이었다. 자가용이 없으면 이런 사막 한가운데 있는 캠핑 장소에 오기 쉽지 않기 때문이었다. 텐트를 나란히 펴고 샤워를 하고 나자 할아버지는 이것저것 꺼내서 요리를 시작하셨다. 그렇게 염치불구하고 저녁도 얻어먹고 바로 앞 바다를 향해 앉았다.

눈 감고 사막이 다시 바다를 향해 불어내는 그 차가운 이야기에 귀 기울이면, 난 어느새 바다가 되고 사막이 되었다가, 다시 물방울이 되고 모래알이 되었다.

둘째 날(7월 14일)

다음날 아침, 묻지도 않고 나는 다시 할아버지의 차에 올라타며 할아버지를 향해 씩 웃어 보였다. 할아버지도 씩 웃으시더니 계속되는 동행을 묵묵히 허락해주셨다. 난 5일 후에 시작하는 봉사활동을 위해 탕헤르(Tanger)에 가야 했고 우연히 할아버지 또한 내가 향하는 곳을 나와 같은 속도로 향해 가고 계셨다. 어제에 이어 아름다운 해변을 따라 기분 좋은 이동을 계속하였다. 우리는 탁 트인 바다와 고운 사막이 절정을 이룬 곳에 차를 세우고 커피를 끓였다.

바다가 사막의 모래산과 분명하고도 깨끗한 곡선으로 경계를 이루고 있었다. 어떻게 이토록 많은 모래들이 저 바다를 메우지 못해 여기에 그쳐 있으며, 저 넓은 바닷물은 이 모래를 미처 녹여내지 못하고 저 멀리 머물러 있는 것일까?

탄탄(Tantan)이라는 도시에 도착하기 직전, 두 번째 캠핑 장소에 자리를 잡았다.

셋째 날(7월 15일)

오늘의 목적지는 마라케시(Marrakech)였다. 아침 6시, 눈 비비며 일어나는 나에게 할아버지가 말했다.

"잘 잤나? 새벽녘에 닭이며 개들이 얼마나 시끄럽게 굴던지 총으로 쏘고 싶더라니까… 허허."

(물론 이 말을 프랑스어로 하고 내가 그것을 알아들었던 것은 아니었다. 할아버지는 구성진 의성어와 격렬한 몸짓, 실감 나는 연기력으로 그 모두를 소화해내셨다.)

기분 좋게 시작한 아침이었다. 이동 중에도 할아버지와 많은 대화를 나눈 것은 아니었다. 서로의 말이 통하지 않는 것이 첫 번째 이유였지만, 말을 적게 한 만큼 서로를 향한 행동 하나하나에 마음을 담았다.

난 할아버지의 시선의 이동만으로 운전 중인 할아버지가 필요한 것을 읽어냈으며, 할아버지는 종종 유머러스한 몸짓으로 나의 웃음을 자아내셨다. 우리는 라디오에서 흘러나오는 노래를 들으며 같이 휘파람을 불었고, 길에서 만나는 사람들을 향해 함께 손을 흔들었다.

난 종종 불어 사전을 펴 들고 필요해 보이는 문장들을 외웠는데, 새 문장을 외울 때마다 할아버지께 써먹어 보곤 했다. 풍경은 어느덧 모래뿐이었던 사막에서 풀이 보이기 시작했고, 오아시스 주위에 작은 야자수들이 보이기 시작했다.

마라케시 캠핑 장소에 도착한 것은 이미 어두워진 밤이었다. 캠핑 장소였지만 부대시설이 잘 갖추어져 있었다. 무엇보다 달빛에 반짝이는 널따란 야외 수영장을 보고 그냥 잘 수는 없었다.

그 물에서 한참을 휘적거리고 나자 진정 모래의 세상에서 한 발 벗어났음이 실감났다. 후련함 속에 왠지 모를 아쉬움 같은 것이 느껴졌다.

넷째 날(7월 16일)

　오늘의 목적지는 이 나라의 수도 카사블랑카(Kasablanca). 할아버지의 친구분이 계시다는 그곳에 도착한 것은 오후 2시 정도였다. 마중 나온 친구분을 따라 그의 별장을 방문하게 되었다. 집은 어떻게 짓는가도 중요하겠지만, 그 안에서 어떤 사람들이 살아가는가가 더 중요함을 그 집의 아름다운 정원과 작은 소품들을 통해 알 수 있었다.

　그리고 줄줄이 이어지는 음식들이 집 뒤편 정원에 있는 식탁에 차려졌다. 거의 두 달 만에 먹어보는 완벽한 음식이었다. 좋은 사람들과 좋은 음식, 참 기분 좋은 오후였다. 식사를 마치고 할아버지와 기차역으로 가서 나의 기차표 시간을 알아본 뒤 카사블랑카 여기저기를 둘러보았다.

　세계의 곳곳을 TV를 통해 볼 수 있는 요즘이지만 이슬람 문화와 유럽 문화가 만나 이루어내는 그 특별한 모로코의 도시 풍경은 나에게 강렬했다. 독특한 건물들과 그 사이사이 좁은 골목길들, 모스크에서 울려 나오는 코란을 읊는 소리, 깊고 신비로운 눈빛을 하고 히잡(머리를 가리는 스카프)을 한 여인들, 아기자기한 시장 골목과 북적이는 사람들 그리고 어디에서도 볼 수 없었던 물건들. 저녁 무렵 조용히 앉아 이 글을 쓰는 지금도 낮에 보았던 그 도시 풍경들을 회상하면 흥분으로 가슴이 뛴다.

　4일간 함께 여행했던 정든 할아버지와 작별의 인사를 하고 밤차로 봉사활동 장소인 탕헤르를 향해 떠나는 나를 위해 친구분은 좋은 와인을 곁들인 저녁 식사와 따뜻한 샤워, 잠시 눈 붙일 수 있는 포근한 침대를 마련해주었다. 그리고 내가 탕헤르에서 만날 사람에게 미리 전화하여 약속을 잡아주는 것도 잊지 않았다.

밤 1시, 별장 집사가 나를 깨워 기차역까지 차로 데려다 주었고, 새벽 2시에 기차에 오를 수 있었다.

난 밤기차에 오르고 나서야 오늘 일을 후회했다. 더 오랜 시간 할아버지에게 감사함을 전했어야 했다. 할아버지의 보살핌 속에서 4일을 여행하며 사막에 그리고 여로에 지친 내 영혼과 육체가 치유되었다고, 이 은혜를 잊지 않겠다고 말했어야 했다. 아니 말은 못 하더라도 할아버지를 한 번 더 꽉 끌어안고 왔어야 했다.

4일 전, 다시 둘러메기에는 너무 무겁게 느껴졌던 배낭을 오늘 다시 번쩍 둘러메고 가볍게 기차에 오르고 나니, '아차!' 하는 생각과 함께 그리움의 눈물이 흘렀다.

작은 학교의 페인트 공이 되다... 7월 17일~28일

7월 17일

모로코의 가장 북쪽 도시 탕헤르(Tanger)에 도착하였다. 이곳에서 시작하는 봉사활동 프로그램을 한 달 전에 미리 신청해놓은 상태였다. 약속 장소는 마을 앞 바다 멀리 스페인이 바라다 보이는 작은 마을의 초등학교였다. 배낭에 늘어가는 빨랫감처럼 쌓여 있는 피로를 잠시 한 곳에 정착해 지내면서 풀 수 있을 거라 생각했지만, 봉사활동은 처음부터 삐걱거렸다.

학교는 단수가 된 지 오래된 건물이었고, 낡은 화장실은 악취로 가득했다. 첫인사부터 친절하고 말을 많이 하던 말쑥한 봉사자들은 가장 먼저 이곳을 등지고 떠났다. 나 또한 예상치 못한 현지 상황에 계획보다 일찍 스페인으로 가는 것에 대해 심각하게 고민하고 있었다.

그런데 무리 중 40대 중반의 말이 적은 아저씨 하나가 모든 상황을 바꾸어놓았다. 그는 자리를 깔고 누워 한숨 푹 자고 일어나더니 선뜻 빗자루를 들고 화장실로 향했다. 악취 속에서 헛구역질을 해가며 말없이 오물을 모두 빼내기 시작했고, 우린 멀리서 어리둥절하게 그를 바라보았다.

그가 오물을 모두 빼내자 누군가 세제를 빌려 왔고, 그는 그 세제를 이용하여 화장실 곳곳을 물로 씻어내기 시작하였다. 점점 화장실이 제 모습을 찾아감에 따라 지켜보던 사람들도 빗자루를 들기 시작했고, 물을 길어 왔다. 우리 몸이 더러워질수록 화장실은 깨끗해졌고,

화장실이 깨끗해질수록 우리 마음은 밝아졌다.

　나는 요리를 시작했다. 화장실 청소가 끝나고 나의 볶음밥이 완성되었을 때 우리는 모두 밝아진 얼굴로 식탁에 앉았다. 볶음밥이 입맛에 맞을까 내심 불안했지만 모두들 맛있게 먹어주었다.

　하지만 그것으로 이곳의 모든 문제가 해결된 것은 아니었다. 다만 이제 어떤 문제도 함께 해결할 수 있을 것 같은 긍정의 마음이 모두의 얼굴에서 느껴졌다. 그리고 모두 소리 내어 말하진 않았지만, 그 변화의 시작을 만든 아저씨께 감사함을 느끼고 있었다.

　변화를 만드는 것은 무엇일까? 사람의 마음을 움직이는 힘은 어디에서 나오는 것일까?

변화는 손짓과 몸짓과 같은 작은 행동들에 있고,
나는 종종 그 행동들을 대신하는 말들과 약속 따위 때문에
작은 변화도 만들지 못한다.
나의 마음은 백 마디 말이 아닌
하나의 작은 행동으로 움직일 수 있으며,
나는 변화하는 행동을 통해서 행복할 수 있다….

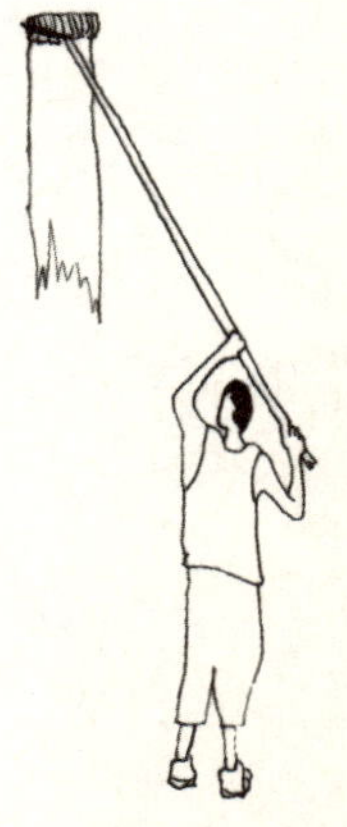

아름다운 마을에서 발견한 행복… 7월 19일

　이 마을의 풍경은 놀랍도록 아름답다. 마을 언덕에 자리 잡은 학교 지붕에 올라가 앉아 마을을 굽어보면 등 뒤로 바람이 언덕을 넘어와 학교 앞으로 펼쳐진 색색의 밭들 위로 부드럽게 밀려 내려간다.

　저녁 무렵, 그 네모난 카펫 같은 밭을 적시며 붉은 해가 쑤욱 미끄러져 들어가면 반대편 하늘에서 하얀 보름달이 둥실 카펫 속에서 빠져나온다. 해가 진 후로 세상이 어두워졌는지 오히려 더 밝아졌는지 혼동될 정도로 달은 밤의 모든 형체와 소리와 바람을 흑백으로 밝히고 있다.

오늘은 마을 쪽으로 발길을 향했다. 언덕 외딴집에서 들려오는 웃음소리를 따라갔다. 발자국 소리를 줄여가며 조용히 그 집에 다가가니 그 집 두 딸이 박수를 장단 삼아 마당에서 춤을 추고 있었고, 아비로 보이는 남자는 미소를 입가에 머금고 의자에 앉아 있었다.

어린 남동생들과 어미는 박수를 쳐가며 마당 가득 웃음을 쏟아놓고, 이 모두를 작은 백열등 하나가 붉게 감싸고 있었다. 그 풍경 속에서 행복의 의미가 만져질 듯 느껴졌다.

논쟁

그들과 2주를 함께하면서 모로코 사람 특유의 솔직한 감정 표현과 그 급변하는 감정을 지켜보았다. 함께 춤추고 장난치고 노래하며 웃었지만, 때로는 격렬한 말다툼을 한 발 멀리서 지켜봐야 했다.

알아듣지 못하는 아랍어들이었다. 큰 소리가 나올 때마다 더 큰 소리가 이어졌다. 누구는 조목조목 따지는 말투로 무언가를 주장했다. 모두 자신이 이 상황을 분명하게 정리할 요량으로 말을 시작했지만, 언제나 그 말의 꼬리를 물고 더 엄숙해 보이는, 때로는 더 화가 나 보이는 누군가가 전자를 반박하는 말을 시작했다.

내 옆에서 아나스가 서툰 영어로 그들의 대화를 간단히 통역해주었다. "저들은 더 좋은 음식을 원하고 있어. 물이 부족한 것도 이곳에 문제라고 외치고 있지. 캠프 리더가 많은 돈을 쥐고 있다고 생각하고 있어. 그래서 그가 돈을 풀게 하려고 싸우는 거야."

논쟁은 두 시간이 넘도록 계속되고 있었지만 아나스는 더 통역해줄 거리를 찾지 못하는 모양이었다. 난 아나스로부터 이런 말이 통역되기를 기다리고 있었다.

'방금 저 사람이 매일 아침 각자 자신이 쓸 물을 우물에서 길어 오자고 제안했어.'

'방금 저 사람이 한 말은 비록 재료는 신선하지 않지만 우리에겐 좋은 요리사 아이샤가 있으니 다행이라는 거야.… 그보다 음식을 준비하고 설거지하는 당번을 정해서 아이샤가 덜 힘들도록 해야 한대.'

'그가 우린 관광객이 아니라 봉사활동자임을 잊지 말아야 한대.'

만약 누가 이와 같은 말을 했다면 아나스는 주저 않고 통역을 해주었을 것이다. 그때 갑자기 누군가 나의 의견을 물었고, 모두의 시선이 조용히 나에게 향했다.

"이곳 음식은 제게 완벽합니다…."

난 아이샤를 보며 찡긋 웃어 보였다. 음식에 대한 불평이 자신에 대한 불평인 것 같아 미안해하고 있는 할머니께 용서를 빌고 싶었다.

"그리고 물이 부족한 것도 큰 문제가 되지 않습니다."

난 매일 아침 내가 쓸 물과 여분을 길어 오고 있었기 때문이다.

◗ 논쟁은 그 안에 있으면 마치 대단한 논리처럼 보이지만,
알맹이를 들어보면 부끄러운 탐욕뿐이다.
탐욕이 없는 논쟁은 절대 시끄러운 법이 없다.

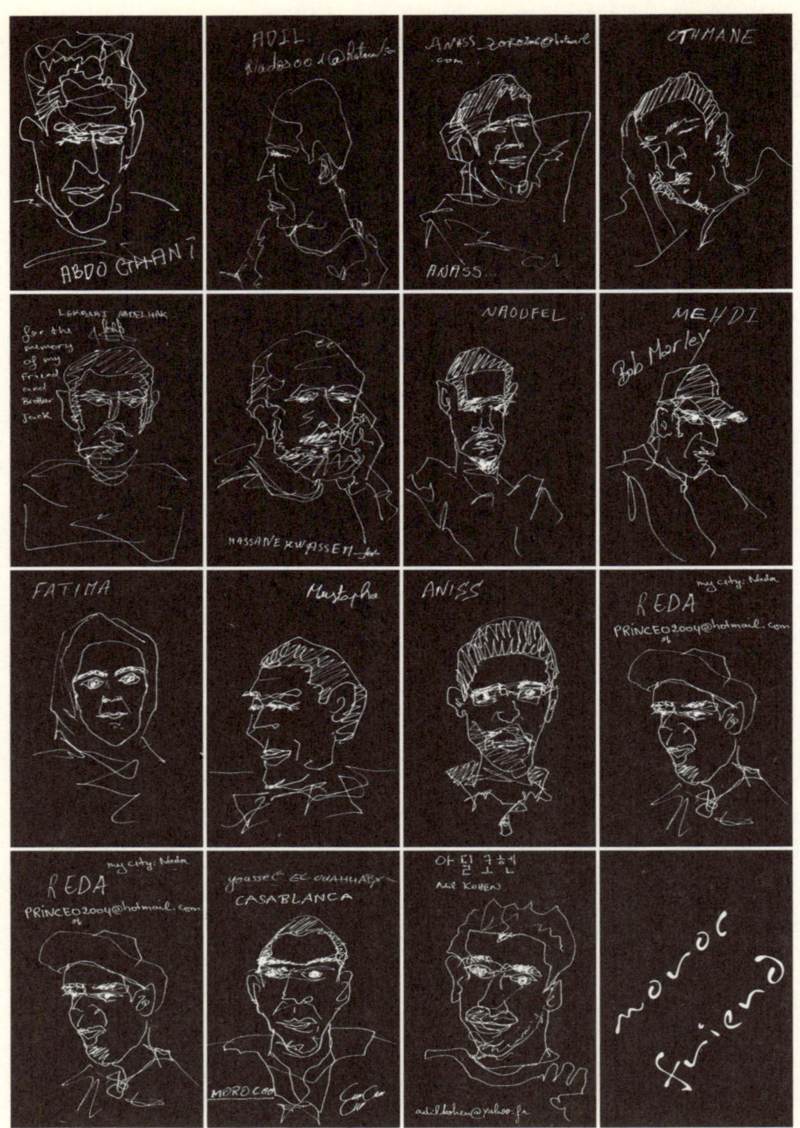ABDO GHANI
ADIL
Riadoboo1@hotmail.fr
ANISS_2oko2o6@hotmail.com
ANASS..
OTHMANE
LEKBARI ABDELHAK
for the memory of my friend and Brother Jack
HASSANE KWASSEM
NAOUFEL
MEHDI
Bob Marley
FATIMA
Mustapha
ANISS
REDA
my city: Nada
PRINCEO2004@hotmail.com
REDA
my city: Nada
PRINCEO2004@hotmail.com
youssef EL OUAHHAB
CASABLANCA
MOROCCO
Adil KOHEN
adilkohen@yahoo.fr
moroc friend

함께했던 친구들

프랑스인 한 명과 나를 포함한 한국인이 두 명, 모로코인 20여 명이 함께 일하고 있다. 아딜…, 첫 만남부터 취미 삼아 그리는 그림들을 꺼내 보여주며 나의 칭찬을 고마워하던 친구….

유세프…, 노래와 춤을 사랑하는 친구. 자신의 슬픈 과거를 노래 속에 녹여내는 친구다. 아이샤…, 우리의 요리사 할머니다. 할머니는 늘 식사 후에 뒷정리를 도와드리는 나를 좋게 보시고 은근슬쩍 예쁜 처자가 있는데 결혼 생각이 있느냐며 혼인 자리를 알아보기도 하셨다 (고마우신 분이다. ㅎ). 하산…, 캠프의 리더로 봉사자들과 많이 다투기도 했지만, 가장 마지막까지 학교에 남아 곳곳을 청소하던 그의 모습에서 진실된 마음을 볼 수 있었다.

윤미…, 나를 빼면 유일한 한국인으로 그녀의 밝은 성격과 미모는 남자들로 우글거리는 이곳을 환하게 해주었다. 그 외에 언급하지 않은 많은 친구들을 언젠가 다시 볼 수 있을까?

마지막 날… 7월 28일

2주가 훌쩍 지나 내일이면 이 마을을 떠나야 한다. 그동안 장엄했던 일몰이었으며, 좋은 풀벌레 오케스트라의 지휘자였고, 밤이면 달빛을 온몸에 적시고 그 위에 은하수를 흐르게 했던 마을 언덕 앞 초원과의 이별을 준비하기 위해 산언덕을 내려갔다.

나무 그늘 밑 풀밭에 앉아 책을 읽었다. 군 시절 읽었던 《연금술사》를 다시 읽고 있는 중이었다. 그때는 쉽게 이해하지 못했던 의미들이 그 소설의 배경이 되었던 곳을 여행하는 오늘에는 마치 내가 쓴 책을 읽고 있는 것처럼 분명한 의미로 다가왔다.

읽고 있던 책이 지루해질 무렵, 양떼를 몰고 지나가고 있는 양치기가 보여서 주저 없이 책을 덮었다. 양치기가 책을 읽지 않는 이유는 양들이 책보다 더 많은 것을 가르쳐주기 때문이라고 한 《연금술사》의 글귀처럼 그 아이를 따라가면 무언가를 배울 수 있을 것만 같았다.

"안녕? 좋은 말을 가졌구나…."

"…고마워."

아이는 이방인의 서툰 아랍어에 신기한 듯 웃음을 지어 보였다.

"내 이름은 잭이야…. 네 이름은?"

"내 이름은 압둘가니."

"만나서 반갑다. 난 이곳 마을 학교에서 페인트칠 일을 하는 중이야. 이렇게 아름다운 곳에 사는 네가 부럽다."

아이는 초원의 바람이 가르쳐 준 부드러운 웃음을 지어보였다.

"함께 갈래?"

아이가 침묵을 깨며 말했다. 그 아이와 함께 초원을 거닐고, 양들에게 물을 먹이며, 아이의 어리지만 익숙한 행동 하나하나를 바라보았다.

해가 질 무렵 아이와 마을로 되돌아왔고, 난 계속 마을 길을 걸었다. 마을의 아이들은 나를 만날 때마다 "잭!" 하고 이름을 외쳐댔다. 그들 곁에 앉아 이것저것 아이들이 시키는 것을 해 보였다. 그들이 나에게 원하는 것은 중국 영화의 주인공이 그랬듯 발차기와 태권도 동작들이었지만, 난 그들이 무엇보다 마지막에 내가 꼭 껴안아주는 것을 더 좋아한다는 것을 알고 있었다. 2주 전만 해도 내가 팔만 벌려도 우르르 도망가던 아이들이 이제 주저 없이 내 품에 안기고 있었다.

아이들과 헤어져 마을 슈퍼마켓 앞으로 갔다. 마을 남자들이 앉아 있었다. 처음 이곳에 왔을 때 어떻게 인사해야 할지 몰라 그냥 지나치던 사람들이 이제는 나를 먼저 알아보고 인사를 건넸다.

"안녕하신가? 나의 좋은 친구!"

저녁 무렵이었기에 그들 중 몇몇은 나를 저녁 식사에 초대하기도 하였다. 그들과 함께 이슬람 사원인 모스크에서 같이 기도를 하고, 만나는 사람들에게 모두 인사를 건네고, 저녁 무렵 종종 그들을 찾아가 서툰 아랍어로 대화하며 같이 웃는 동안 서로의 벽이 다 허물어진 듯했다.

> 익숙함을 만드는 것은 무엇일까?
> 사람과 익숙해진다는 것은 어떤 의미일까?

자유로운 여행이기 위해

　봉사활동이 끝나 갈 무렵, 어느새 깊이 정든 친구들과 헤어져야 한다는 생각이 나를 괴롭게 했다. 이 여행을 시작할 때 나와 한 약속 중에서 어떤 것에도 나의 자유를 양보하지 말자고 한 적이 있었다. 그런데 처음에는 존재하지도 않던 정해진 일정이란 것이 생기면서 조금씩 나를 재촉하고 있지는 않았는가 하는 의심이 생겼다.

　자유롭다는 것은 무엇일까? 군 시절 담장을 넘어가는 새들을 보고 그들의 자유로움을 동경한 적이 있다. 나도 그 새들처럼 훌쩍 날아가고 싶었다. 전역을 했고 여행을 시작했는데, 지금의 나는 자유로운가? 어딘가를 가야 했다면 이미 많은 국경을 넘어왔는데, 누구를 만나야 했다면 이미 많은 사람을 만나봤는데 내가 생각했던 자유는 무엇이기에 난 지금 왜 자유롭지 못할까?

　시간 때문일까? 나를 둘러싸고 있는 세상의 시계가 내 삶의 시간보다 늘 조금씩 빠르게 가고 있기 때문에 그 시간을 크게 놓쳐본 적도 없으면서, 뒤처짐이 무엇을 의미하는지도 잘 모르면서 평생 들어온 낙오라는 단어가 갖는 막연한 불안감 때문에 늘 한 발 조금 먼저 가 있는 시간을 쫓으며 자유롭지 못한 것일까?

　이런 고민 후에는 지금까지 해온 여행보다 더 자유롭고 싶었고, 자유에 대한 오랜 고민 끝에 스페인을 향하던 걸음을 멈추고 다시 남쪽으로 발길을 돌렸다. 더 이상 일정에 구애받지 않고 좋은 친구들이 있는 곳에 마음껏 머물다 가고 싶었다.

소리 내지 않아도

　마지막 날 밤, 모든 친구들이 마당에 앉아 내일의 헤어짐을 아쉬워하며 깊어져만 가는 밤을 하얗게 지새우고 있었다. 우리는 서로에 대한 좋은 기억들을 말하는 것으로 석별의 정을 나누고 있었다. 그때 어둠 속에서 조용하던 압둘하가 나를 불러 속삭이기 시작했다.

　"잭, 난 아직도 널 잘 모르겠어. 넌 밤이면 우리와 이야기하는 대신 늘 지붕에 올라가 하늘만 바라보더군…. 넌 한 번도 속마음을 우리에게 털어놓지 않았어. 사실 네 본명도 잭이 아니잖아. 도대체 넌 누구지?"

　사실 난 이미 그들을 향해 많은 이야기를 하고 있었다. 그들의 얼굴 한 명 한 명을 그리며 평생 그 얼굴을 잊지 않을 거라고 말하고 있었고, 매일 아침 물을 길어 오며 그들에게 "좋은 아침!"이라고 인사했다. 늦은 밤이면 혼자 있는 시간을 즐기며 밤은 나의 고유한 영역임을 존중해 달라고 말하고 있었고, 내가 저지르는 실수들은 나의 어리석음을 말하고 있었다. 이 소리 없는 이야기들이 바로 나이고 넌 그 소리를 듣기만 하면 된다는 것을 그에게 소리 내어 설명하지 않았다. 다만 언젠가 엄지발가락이 부어서 나에게 온 그에게 지압을 해주고 침을 놓아 치료해준 것이 생각나 바보같이 조금 서운한 마음이 들었다.

들리지 않는 소리를 들을 수 없다면
들리는 소리는 의미가 없다.

LA
VACK?

물음의 종교… 7월 29일

봉사활동 기간 동안 나와 가장 가까이 지낸 친구 아나스를 만나러 카사블랑카로 향하는 길에 무하마드가 나와 동행하였다. 그는 나에게 다가와 오랫동안 궁금했노라며 다소 심각한 표정으로 물었다.

"잭, 2주 전 너는 알라신께 기도드리는 우리를 보고 모슬렘의 율법을 배우고 그 율법에 따라 기도드리기 시작하더군. 넌 정말 모슬렘으로 개종한 거야?"

그동안 몇몇 친구들이 나에게 해온 질문이었다. 그들의 질문에 당분간은 그럴 거라고 장난스럽게 대답해왔지만, 내 진심을 정말 알고 싶어 하는 그에게는 속마음을 털어놓을 수밖에 없었다. 내가 되물었다.

"이 세상에 신은 몇이지?"

"알라, 오직 한 분이시지."

"내가 단 한 명의 신을 믿고 있었다면 그는 누구일까?"

"네가 오직 한 명의 신만을 믿는다면 그는 분명 알라신일 거야."

"그렇다면 너의 신과 나의 신은 이미 같아. 다시 말하면 난 이슬람교도이기 전에도 모슬렘이었을 테고 개종했는가 안 했는가는 큰 의미가 없어."

"하지만 이슬람교도는 코란을 읽어. 코란에는 많은 율법들이 있어서 반드시 그 율법을 따라야 하지."

"신이 존재한다면 왜 신에게 직접 묻지 않고 어느 책에 나와 있는 율법을 읽는 것으로 그 물음을 대신하는 거지?"

"그 이유는 우리가 기도를 통해 신과 간접적으로 소통할 수는 있어도 직접 소통할 수 있는 사람은 마호메트를 끝으로 더 이상 나오지 않을 것이라고 코란에 나와 있기 때문이지."

"넌 계속 어디에 무엇이 나와 있기 때문이라고 말하는군."

"이봐 코란은 완벽해…. 과학이 우주와 인간의 신비를 발견하기 전부터 코란은 정확히 그 비밀들을 언급하고 있었지."

그는 다소 격앙된 목소리로 자신이 믿는 성서의 존엄성을 지키는 기사처럼 이야기하였다.

"난 코란이 잘못되었다고 말하고 있는 것이 아니야. 처음에 말했듯이 난 알라를 알기 전부터 알라를 믿고 있었고 코란에 대해서는 잘 모르지만 그 안의 율법들을 소중하게 생각한다. 하지만 코란 그 자체는 종교적인 지식일 뿐 그것이 완벽하다는 것은 너에게, 또 나에게 아무 의미가 없어."

난해한 말들에 혼란스러워할 그를 걱정하며 잠시 여백을 두고 그에게 다시 물었다.

"너는 코란의 율법들 안에서 자유로운가?"

"율법 안에서 자유롭다는 것이 무슨 말이지?"

난 율법을 지키면서도 구속되지 않고 그 율법 안에서 행복해지는 것을 의미한다고 설명하고 싶었지만, 영어로 설명하는 것이 쉽지 않아 다른 예를 찾아야 했다.

"마치 사랑하는 여인이 생기고 그 여인이 나의 세상 중심에 서 있기 시작했을 때, 그 사랑에 구속되지 않고 사랑 안에서 더 자유롭고 행복해지는 것과 같은 이치지…."

"음… 어려운데…. 나는 사실 사랑하는 여인이 있다. 모슬렘의 율법은 애인을 만드는 것을 금지하고 있지. 난 그녀를 만난 다음날은 심각한 죄책감에 시달려 다시는 그녀를 만나지 않으리라 각오하지만, 참고 참다가 한 달 후에 결국 그녀를 다시 만나고 만다."

그는 고백하듯 말했다.

"종교적 율법 그 자체는 허무하기 때문에 너는, 또 나는 그 안에서 자유롭지 못하고 많은 모순들을 만들며 불행해진다고 생각한다."

"율법 안에서 자유롭기 위해서는 어떻게 해야 하지?"

"율법을 읽는 것이 아니라 그 율법 하나하나를 신께 물어봐야 한다고 생각해."

"읽는 것과 물어보는 것의 차이는 뭐지?"

"읽는다는 것은 형식이고 묻는 것은 의미야. 읽는다는 것은 어디에 무엇이 나와 있다고 말하는 것이며, 물어보는 것은 나는 이렇게 생각한다고 말하는 것이지. 너의 경우 사랑하는 여인에 대한 해답을 구하며 신께 조용히 기도드리는 것이다."

"그렇게 물어봐서 정말 그녀와 헤어져야 한다면 그땐 어떻게 하지?"

"헤어지는가 안 헤어지는가가 중요하지 않아. 다만 묻고 난 후에는 어떤 결정을 따르더라도 행복할 수 있겠지."

"넌 그 물음을 통해 신과 직접 소통하며 무언가를 배우고 있는 건가?"

"난 코란의 율법을 배우며 이미 내가 신께 물어보고 행해온 것과 많은 부분이 일치함을 보고 놀랐어. 다른 부분이 있다면 하루 다섯 번을 어떤 형식에 따라 기도해야 한다는 것과 무엇을 먹고 무엇을 먹지 말아야 한다는 것 같은 지극히 형식적인 것에 관련된 것들일 뿐, 그 근본적인 의미는 나에게 아무런 저항 없이 받아들여졌지. 때로는 코란의 형식적인 율법들은 엄격히 따르면서도 그 율법이 의도하는 의미에는 집중하지 못하는 너희들을 보고 물음이 없는 율법 자체는 형식일 뿐인 것을 다시 깨달았지."

이날 그에게 했던 많은 말들이 그에게는 바람처럼 허무할 것이다. 나의 생각은 그에게 아무런 의미도 없기 때문이다. 다만 이 대화를 통해 나 스스로를 되돌아보면서 내가 물음을 게을리 하지 않기를 바랄 뿐이었다.

그가 언젠가는 내 생각을 모두 반박하는 말을
그의 가슴에서 나온 언어들로 이야기하게 되길 바란다.

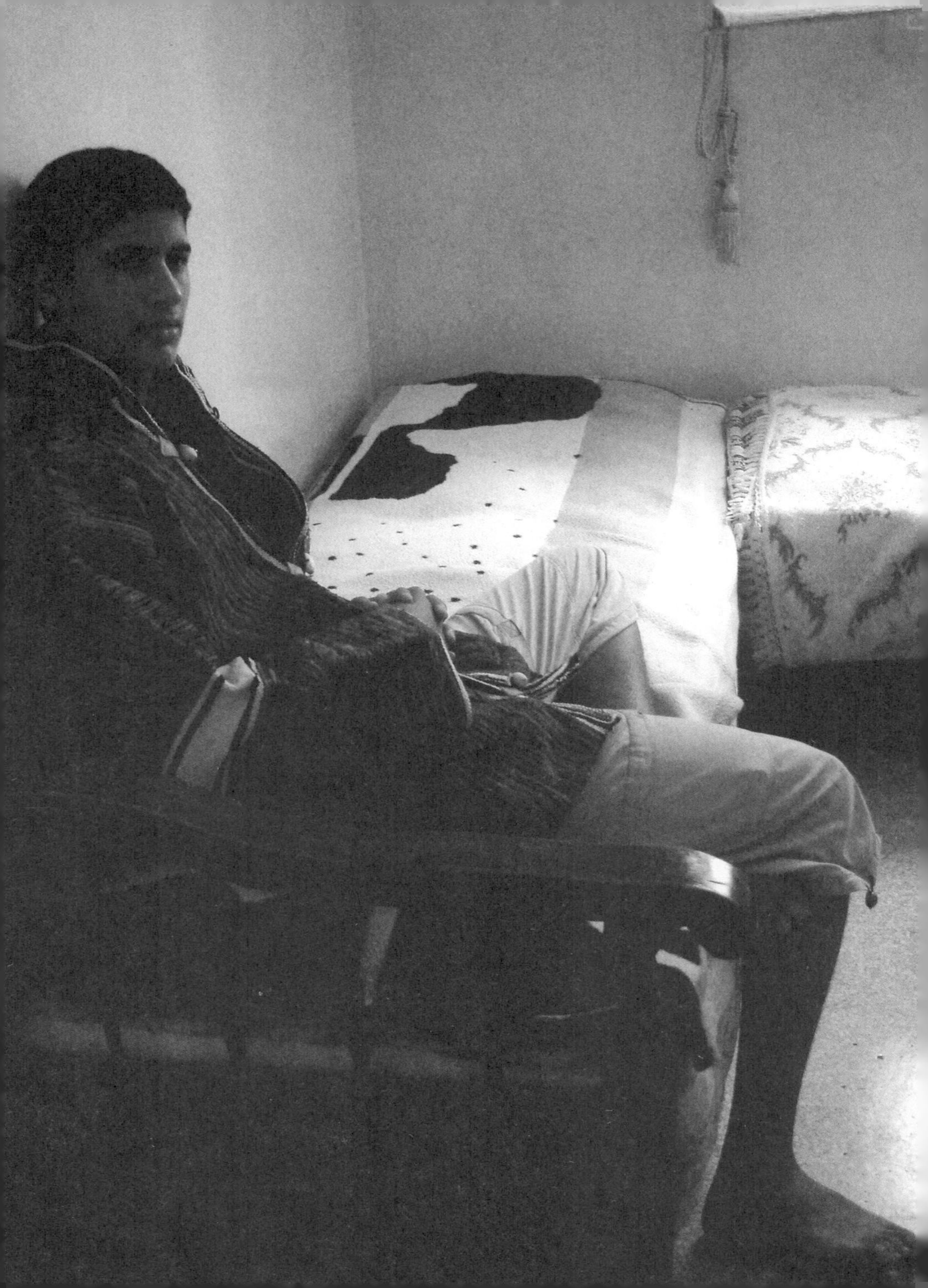

모로코의 삶 속으로

아나스가 말하는 행복… 7월 29일 ~ 8월 1일

무하마드와 작별하고 기차에서 내리니 모로코의 경제도시 카사블랑카가 나를 맞았다. 이곳에 온 이유는 봉사활동 기간 동안 친하게 지냈던 친구 아나스를 만나기 위해서였다. 그가 카사블랑카 중심가로 마중을 나왔고 함께 그의 집으로 향했다. 가족들의 극진한 환영의 인사가 끝나자마자 푸짐한 음식이 한상 가득 차려졌다.

무전취식을 하기 미안한 마음에 무더운 낮에는 집에서 그에게 영어를 가르쳐주고, 저녁 무렵에 밖으로 나와 근처를 구경하며 2일을 보냈다.

저녁을 먹고 집 근처에 있는 하산 2세의 모스크를 보러 나갔다. 아프리카에서 가장 큰 규모의 모스크이며, 세계에서 두 번째로 크다는 이 모스크는 첫인상부터 거대한 규모로 나를 압도하였다.

밤 10시경 건물 앞 광장에서 서성거리던 많은 사람들이 모두 발길을 건물 안으로 향하고 있었다. 하루 다섯 번의 기도 중 마지막 기도를 드릴 시간이었다. 나도 아나스와 그 건물 안으로 향했다.

건물 입구에서 막 신발을 벗고 들어가려는 순간이었다. 관광객의 출입을 감시하고 있는 경비원에게 들키지 않고 들어가려면 자신의 뒤만 따라오라는 아나스의 충고를 잊고 그만 넋을 잃은 채 입구에 멈추어 서버렸다. 수만 가지 형형색색으로 세공된 돌들이 높은 천장과 기둥들을 수놓고 있었고, 짙은 향수처럼 아찔한 그 화려함이 의자 하나 없이 텅 빈 대리석 바닥으로 쏟아져 내리면서 계속 희석되고 있었다.

그리고 어느 때보다도 그 존재가 나약해 보이는 가엾은 인간들이 메카를 향해 머리를 조아리고 있었다. 이들과 나란히 엎드려 기도하며 공간에 나의 의미가 담기기 시작하자, 이 모두가 다시 경건함으로 모아지는 것을 느꼈다.

그곳을 나오며 아나스가 말했다.

"난 매일 밤 이곳에 와서 깊은 숨을 들이마시는 것을 좋아해. 흐-읍 하-, 이렇게 바다와 모스크의 향기를 함께 맡고 있으면 저절로 행복해지는 것 같아."

이 간단하고도 거짓 없는 그의 행복론을 들었을 때 난 그의 순수함에 발원과 같은 곳을 본 것 같았다.

"흐-읍 하-."

그를 따라 한 숨 깊이 들이마시니 나도 함께 행복해지는 것 같았다.

어쩌면 행복은 바람결의 향기와 같아서
우리가 행복하기 위해 할 일은
그저 깊게 숨을 들이마시는 것뿐일지도 모르겠다.

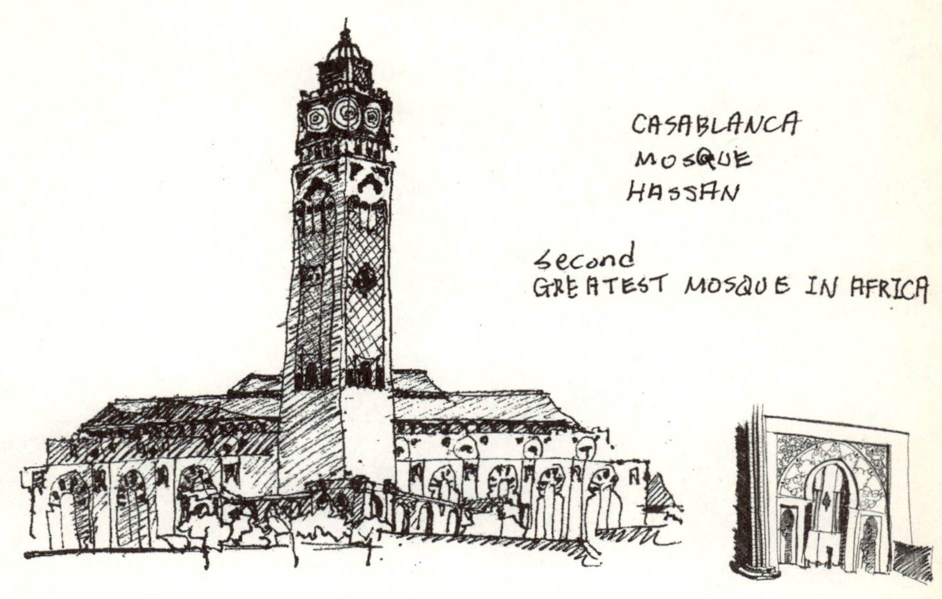

hassan 2 mosque

이슬람 사원 중 세계에서 세 번째로 규모가 큰 모스크이며, 1987년부터 1993년까지 7년에 걸쳐 완공되었다. 높이가 200미터에 이르는 세계 모스크 중 가장 높은 건물이다.

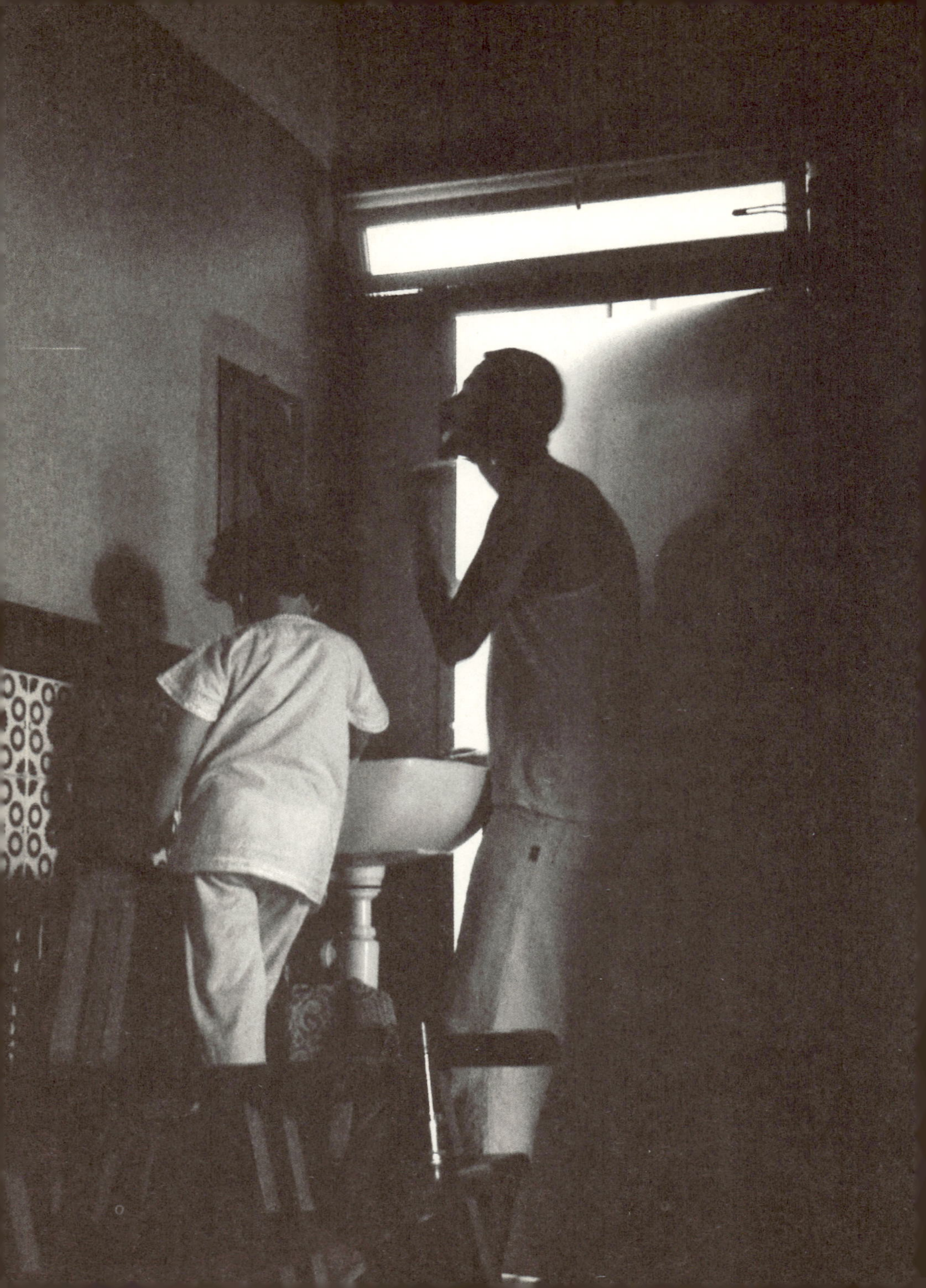

아나스와 헤어져 카사블랑카에서 버스를 타고 베니밀라에 도착하자마자 마중 나온 무하마드를 만날 수 있었다. 모로코 내륙 깊숙이 자리 잡고 있는 베니밀라(Benimellal)는 집집마다 이슬람 문화가 온전히 살아 있었다.

그중에도 무하마드의 집안은 엄격하게 전통과 종교적 관습을 따르고 있었다. 손님인 나를 접대하는 것에도 오랜 전통이 그대로 적용되고 있었는데, 남자인 나는 그 집의 여자들을 절대 볼 수 없었다. 나를 위해서 가장 좋은 음식들이 매번 차려지며 그 음식은 오직 집안의 남자들하고만 함께한다. 손님은 집에서 가장 좋은 방에 머물며 오직 휴식만을 취하게 된다. 손님은 3일 안에 그 집을 떠나는 것이 일반적이며, 집 안에서도 무릎을 가리는 옷을 입어 예의를 지켜야 한다.

그 외에도 다양한 그들의 문화 속에서 함께 생활하며 자연스럽게 한국의 전통 문화를 설명할 기회가 있었지만, 말하는 내내 좋은 전통을 가지고 있으면서도 현재와 함께 호흡하지 못하는 유명무실한 우리의 전통을 어떻게 이해시켜야 할지 몰라 난처했다. 무하마드가 말했다.

"많은 모로코인이 유럽에 가서 일자리를 구하는데 그들의 가장 큰 고민 중 하나는 자식들을 모로코 문화 속에서 교육시키지 못한다는 거야."

한국에 있으면서도 자식은 외국으로 보내려는,
우리에게는 없고 그들에게 있는 것은 무엇일까?

무하마드의 집을 떠나 압둘가니의 집으로 향했다. 그 역시 봉사활동에서 사귄 친구로 무하마드가 사는 도시 베니밀라에서 두 시간 정도 떨어진 도시 부쟈드(Boujad)에서 모로코의 전통적인 방법에 따라 책을 제본하는 일을 하고 있었다. 무하마드는 베니밀라 버스 정류장까지 직접 나를 찾아와 부쟈드에 있는 그의 집까지 나를 호송(?)하였다.

예술 제본

그와 함께 일주일을 함께 일하며 전통 예술 제본법을 배웠다. 낡은 책에 새 생명을 불어넣는 예술 제본의 매력에 푹 빠져 그의 기술들을 솜이 물을 흡수하듯 배워나갔다.

기존의 묵은 표지를 벗겨내고 새 판자를 재단하고 가죽을 씌운 뒤 문양을 그릴 연장을 불에 달군다. 그 연장을 이용해 금빛 테이프가 마술처럼 가죽 위에 덮이는 것을 처음 봤을 때 그 기발함과 아름다움 자체가 마치 오랜 역사를 가진 멋진 공연을 본 것처럼 즐거워서 나는 저절로 행복한 웃음이 나왔다.

물음의 순서

그 기술을 배우며 직업에 대하여 생각했다. 나도 그처럼 담백한 직업을 가질 수 있었으면 좋겠다. 하루 종일 복잡해진 머리를 이고 저녁에 집에 와서는 그 머릿속에 엉키어 있는 실타래를 다 풀기도 전에 잠이 드는 그런 직업에 내 삶의 방향키를 맡기기 싫다.

더 예쁜 아내를 맞이할 수 있을 것 같아 보이는…, 더 좋은 차를 타고 친구들 앞에서 그럴듯하게 내릴 수 있게 해줄 것 같은 직업. 나이가 들어 몸이 굽어지면 젊은 시절 엉키어놓은 실타래를 편히 앉아 풀 수 있을 것 같아 보이는 그런 직업들….

그런 직업을 쟁취하는 것이 진정 젊은 날 내가 꿈꾸어야 할 이상향일까? 무엇을 하며 살 것인가도 무시할 수 없지만 그보다 어떻게 살 것인가가 더 중요하다면, 왜 난 무엇을 할 것인가에만 급급해서 물음의 순서를 잊어버리고 마는 것일까?

내가 하고 싶은 일이 내가 살고 싶은 삶을 방해한다면 지금이라도 거침없이 인생의 방향키를 돌릴 수 있을까?

여름밤에 만난 장애인

모로코의 여름밤 풍경이 늘 그렇듯 이곳도 저녁 무렵이면 거리와 광장이 산책 나온 사람들로 가득 찬다. 아직 집 안에 남아 있는 한낮의 열기가 사람들을 계속 밖으로 밀어내기 때문일까. 우리도 일을 마치고 저녁 산책을 나왔다. 한낮에는 한량없이 넓어 보이던 거리와 광장이 이제 발 디딜 틈 없이 사람들로 가득 찼다. 어제 걸었던 그 길에서 어제 만났던 사람들과 다시 인사하고 어제와 같은 노천카페에 앉아 차를 마시며 웃고 이야기한다. 오늘은 한쪽 다리를 저는 친구가 함께 자리했다. 그는 영어와 불어를 섞어가며 나에게 말했다.

"잭, 한국어로 andkape를 어떻게 부르지?"

"장 애 인…."

"장…여…잉, 히히…. 이곳 모로코는 장애인이 살기 참 어려운 곳이야. 사람들 사고방식이 젠장 맞아서 말이야."

나 또한 힘들게 아랍어로 대답했다.

"너… 문제 없다. 다른 사람 생각 중요하지 않다.… 너와 나는 같다."

"허허 한국은 좋은 나라구나!"

그는 성큼 일어나 코카콜라 제일 큰 병을 사서 나에게 한 컵 가득 따랐다(이곳은 이슬람 국가이기에 대부분 술을 마시지 않는다).

이국에서 나의 생각은 곧 한국의 생각이 된다. 그가 내 생각을 듣고 한국이 좋은 나라라고 했을 때 난 한국이 그렇게 생각하고 있으며, 그 생각을 국가 복지 정책으로 실행하고 있다고 자신 있게 말하지 못했다.

죽음

언제부터인가 한 달에 한 번 정도 반복되는 꿈을 꾸기 시작했다. 그 꿈을 꾸는 날은 이마에 흥건한 땀과 함께 잠에서 깨고 만다. 시간은 늘 햇빛이 허무하도록 찬란한 어느 오후이다. 나는 임종을 기다리는 노인으로 침대에 누워 마지막 숨을 고르고 있다. 사랑하는 나의 부모도 아내도 없다. 누군가 내 곁에 앉아 슬픈 그림자를 드리우지만 언젠가는 중요했을 그들의 존재는 더 이상 내게 중요하지 않다. 내 육신은 이미 그 쓰임을 다하였고, 이제 나는 오직 생각할 힘만이 남아 있다.

세상은 어릴 시적 기억처럼 탐험해야 할 대륙도 아니며, 젊은 날의 열정처럼 정복해야 할 무엇도 아니며, 노년의 종교처럼 익숙해진 구절들도 아니었음을…. 그저 나의 생각이 내 세상의 전부이고 나의 우주였음을 삶의 마지막에 이르러서야 깨닫는다.

그리고 난 억울하도록 허무하다. 왜 난 내 세상을 살지 못하고 누구의 세상에 부분이 되려 했는가. 왜 내일의 열매를 위해서만 살다가 정작 그 내일이 없어질 날의 오늘을 어찌 해야 할지 몰라 몸서리치며 그 오늘 하루에 인생 전체를 부정하고 있는 것일까?

그리고 난 두렵다. 죽음이 두렵다. 두려움은 극으로 향하다가 꿈이 깨는 것과 동시에 깊은 안도의 한숨처럼 사라져간다. 죽음이 두렵지 않다는 것은 자랑이 아니며, 죽음이 두렵다는 것 또한 진심이 아니다. 세상 사람 대부분이 죽음을 두려워하지 않으면서도 스스로 죽음이 두렵다고 말하고 있기 때문이다.

어쩌면 죽음이 너무 두려워 외려 두렵지 않은지도 모른다. 죽음은 우리가 감당하기에는 너무 큰 사건이기에 그 사실을 직시하는 것을 회피하며 살고 있기 때문일까?

난 죽음이 두려운가? 두렵다면 진정 두려운가? 시험을 앞두고 며칠을 밤새워 공부하던 날처럼 하룻밤이라도 죽음이 두려워서 뜬눈으로 지새운 적이 있던가. 아니면 여름밤의 공포 영화만큼이라도 가슴 졸여본 적이 있던가?

나의 죽음에 대하여 생각해보아야 하는 이유는, 나의 죽음은 죽음에 대한 그럴듯한 해석을 제시하는 어느 종교인이나 철학자가 아닌 바로 내가 마지막 날에 떠나야 할 여행이기 때문이다.

ANDRE

카메라가 없어진 후

카메라가 없어진 후 여러 가지 변화가 생겼다. 우선 가방이 한결 가벼워진 만큼 항상 무엇을 찍어야 한다는 생각에서 가벼워질 수 있었다. 그리고 바라봄이라는 행위 자체에 애틋한 마음을 담기 시작하였다. 바라보며 듣게 되었다. 오직 이 순간 내 눈에 담겨 기약할 수 없는 날까지 내 기억 속에만 남을 그 모든 것들이 무언의 비밀들을 속삭이는 것을 들었고, 침묵 속에서 바라봄은 듣는 것과 같다는 것을 배웠다.

또 다른 변화는 더 많이 그리게 되었다는 것이다. 서툴고 제멋대로인 내 그림들을 그 언제보다 사랑하게 되었고, 언제 어디서라도 선뜻 작은 수첩을 꺼내 끼적거리기 시작하는 것을 두려워하지 않게 되었다.

대단치도 않은 그림이기에 샌드위치 가게 주인아저씨는 방금 그린 자신의 가게 그림을 선물로 찢어줄 수 있느냐고 물어보았고, 1분이 채 걸리지도 않는 그림이기에 많은 친구들이 부담 없이 자신의 얼굴도 그려줄 수 있겠느냐고 물어보았다. 무엇보다 한 번 그린 대상은 그 어느 것이라도 절대 기억에서 지워지지 않고 남았다.

my city: Nada
REDA
PRINCE02004@hotmail.com
06

탕헤르에서 봉사활동을 함께했던 친구 리다가 케니트라에서 다른 봉사활동 단체의 리더로 일하고 있었기에 압둘가니의 집을 떠나 케니트라로 향했다. 그들은 도심에 있는 중간 규모의 학교 안에서 2주 동안 페인트칠을 하고 있었고, 난 마지막 4일을 함께 일하게 되었다.

마지막 날, 다 함께 모인 자리에서 한 명씩 나와 수료증을 받았다. 그런데 뜻밖에 내 이름이 불렸다. 난 4일밖에 일하지 않았지만 리다는 캠프 리더의 권한(?)으로 나에게 수료증을 만들어준 것이다. 난 당황스러워하며 앞으로 나가 수료증을 수줍게 받아 들고 사람들 앞에 섰다. 옆에 있던 리다가 귓속말로 속삭였다.

"잭, 아랍어로 말해봐~"

"안녕하세요.… 죄송합니다.… 나의 아랍어… 좋지 않습니다. 나는 일합니다. 여기서 4일… 그래도 수료증 받습니다.… 감사합니다. 이곳 좋은 곳입니다. 무엇보다 리다… 나의 친구 고맙습니다.…"

나의 두서없고 뒤죽박죽인 아랍어에 다들 유쾌한 웃음을 터뜨렸다. 다음날 아침, 캠프를 떠나는 리다와 작별의 포옹을 하며 괜히 부끄럽게 눈물이 글썽이는 것 같아 고개를 떨어뜨리는데, 그의 눈에는 이미 한 가득 석별의 정이 맺혀 있었다.

"잭, 1년 후든 3년 후든 나이 든 후든 상관없이 꼭 다시 모로코에 와. 그래서 그땐 꼭 내 도시에 와서 1년이든 3년이든 평생 동안이든 네가 머물고 싶은 만큼 살다 가줄래?"

　　케니트라에서 4일간의 봉사활동이 끝나고 내가 처음 봉사활동을 했던 곳인 탕헤르에 돌아왔다. 이곳에 다시 온 이유는 스페인에 갈 배를 구하기 위해서였다. 저녁 무렵 도착해 숙소를 찾아 좁은 골목골목을 헤맨 끝에 옥상을 싼값에 내어줄 수 있다는 집을 발견하였고, 그곳 옥상에 텐트를 쳤다.

8월 16일

오전 일찍 스페인으로 향하는 배표를 사고 출국 심사를 받았다. 내 앞 차례의 일본인이 무슨 이유에서인지 출국이 거절되었고, 그는 거세게 항의해보았지만 결국 심사원이 말한 어딘가로 가야 했다.

나는 설마 하며 덤덤히 심사대 앞에 서 있었으나 심사원은 나 역시 아래층 경찰서에서 도장을 받아 오라고 말하는 것이었다. 경찰서에 내려가 보니 그 일본인이 결찰서장과 이야기하는 중이었다. 경찰서장이 그에게 물었다.

"한국에서 왔나?"

"아니다!! 난 일본에서 왔다!! 일본에서 왔다고!!!"

번거로운 출국 절차로 신경질적이었던 그는 자랑스러운 일본인인 자신이 잠깐이라도 한국인으로 오인되는 것이 싫었던지 자신이 일본인임을 소리쳐 외쳤고, 경찰서장은 그의 신경질적인 대답에 조롱하듯 아랍어로 주절거렸다. 그의 아랍어에 일본인이 대응하듯 말했다.

"영어를 사용해달라!!"

"너는 똥을 말하고 있다."

서장이 대답했다. 물론 똥은 아랍어로 말했기에 일본인은 알아듣지 못하였다.

일본인의 필요 이상의 반응도 보기 좋진 않았지만 한 국가의 출국장에 있는 경찰서장의 입에서 외국인을 향해 나올 수 있는 말은 아니었다. 일본인은 당황하여 주춤했고, 그의 다음으로 내 차례가 왔다.

덤덤히 서 있는 나에게 뜻밖에도 그는 이상한 말을 했다. 당신은 모리타니아에서 왔으니 다시 모리타니아로 가라는 것이다.

"난 한국인이고, 한국인은 유럽으로 갈 때 비자가 필요 없다."

영어를 알아듣는지 못 알아듣는지 그는 내 말이 끝나기가 무섭게 출국 신고서를 갈기갈기 찢었다. 그리고 내 어깨를 툭툭 치며 문 밖으로 밀어냈다. 순간적으로 이 어이없는 상황에 웃음이 나왔다.

난 더 이상 말도 못 하고 걸어 나왔다. 다시 출국 신고서를 작성하고 처음부터 같은 과정을 밟았으나, 출국 심사원은 다시 나를 경찰서로 보냈다. 이번에는 경찰서에서 봉사활동 증명서를 보여주며 동정표를 구했으나, 정 그러면 공항에 가보라는 말뿐이었다.

8월 17일

아침 일찍 탕헤르 공항에 도착하였다. 그런데 공항에서도 이상한 말을 했다. 난 유럽 비자가 없으니 스페인으로 갈 수 없다는 것이다.

한국인은 유럽 입국 시 비자가 필요 없다는 말을 반복해도 무조건 'No.'였다.

막막하기보단 우선 배가 고팠다. 공항 앞에서 버너를 꺼내 라면을 끓였다(봉사활동 시절 한국인 봉사자 연미 씨가 준 라면이 아직 가방에 있었다).

배가 불러오자 다시 배낭을 메고 벌떡 일어섰다. 공항에서 다시 탕헤르 시내로 오기 위해, 100디람을 부르는 기사들을 뒤로 하고 도시 쪽으로 걷기 시작했다. 나는 지나가는 차를 얻어 타고 결국 어제의 그 옥상으로 돌아왔다. 옥상에 돌아와 가만히 생각하니 필요하지도 않은 비자지만 스페인 대사관에서 직접 받아 가는 방법이 생각났다.

이 땅이 아직 나에게 무언가 더 보여줄 것이 남았나보다.

낭만의 마을, 숀… 8월 18일

어젯밤 인기척에 잠에서 깨었고, 텐트 문을 열어보니 어떻게 이 옥상을 알고 왔는지 여행자 한 명이 내 옆에서 침낭을 펼치고 있었다.

"어이, 친구. 그러지 말고 내 텐트 안으로 들어오지 그래?"

"어? 아… 아냐. 춥지도 않은데 뭐. 하하."

음침한 옥상에서 자고 있던 동양인의 텐트 안으로 들어가는 것이 그에게는 쉽지 않았는지 어색하게 웃으며 거절했다.

"그래? 그럼 침낭을 얼굴까지 덮는 게 좋을거야. 모기에 물리지 않으려면."

잠시 후, 막 다시 잠이 들었는데 그가 말을 걸어왔다.

"그 안에 아직 내 자리 있어?"

그렇게 지난 밤을 함께 보낸 덴마크 친구 모로가 숀(Chaouan)에 함께 갈 것을 제안했고, 어차피 스페인 대사관은 다음주 월요일에야 열기 때문에 그와 함께 숀에서 주말을 보내기로 했다. 숀은 탕헤르에서 2시간 거리의 작은 도시로 3주 전 탕헤르에서 봉사활동을 하던 중 숀에서 일하고 있는 다른 봉사활동 팀을 방문하기 위해 이곳 학교에서 하루 묵은 적이 있었다.

다시 온 숀은 전보다 더욱 평화로웠다. 나를 둘러싸고 있는 상황은 더 안 좋아졌지만 내 마음이 3주 전보다 더 평화로웠기 때문일까? 가정집을 개조한 숙소에 자리를 잡고 모로와 저녁 나들이를 나섰다.

숙소에 돌아와 늦은 밤 옥상에 올라갔다. 옥상에는 이미 웃옷을 벗어던진 한 남자가 야외 소파에 조용히 누워 온몸으로 달빛을 받아내고 있었고, 다시 그 빛은 그로부터 걸러져 옥상 한 가득 넘쳐흐르고 있었다.

흔치 않지만 때로는 처음부터 온전히 만남에만 집중하게 되는 사람을 대면하게 된다. 그의 이름은 폴구스, 프랑스에서 온 친구로 회사에서 휴가를 받아 모로코에 혼자 여행을 왔다. 그와 내일 함께 '신의 다리(God's bridge)' 란 이름의 산에 함께 갈 것을 약속하였다.

남자 셋, 달 하나 그리고 음악··· 8월 19일

등산 중 계곡이 있을 거라는 건 알았지만, 영롱한 연둣빛 계곡과 우렁찬 절벽이 만나 이렇게 아름다운 경치가 만들어지고 있을 거라고는 상상하지 못했다. 발이 닿지 않는 물이 깊은 곳을 만날 때면 가방을 한손에 번쩍 들고 건너편까지 헤엄쳐 가거나 머리 위에 모든 것을 묶고 건너갔다. 우린 물에 흠뻑 젖었고, 난코스를 만날 때마다 건널 방법을 상의해가며 길을 찾아 계속 올라갔다.

숙소에 돌아와 옥상 달빛 아래 둘러앉았다. 폴구스는 기타를 잡았다. 그는 전쟁을 반대하는 내용의 프랑스 노래 한 곡만을 서툴게 연주할 수 있었고, 그 곡을 연주하기 위해 큰 기타와 함께 여행하는 것을 주저하지 않았다. 각자의 소파에 기대 누워 그의 음악에 조용히 귀기울였다.

깊은 밤··· 남자 셋과 달 하나와 음악이 함께했다.
연주를 잘할 필요도, 많은 곡을 연주할 필요도 없다.
연주하는 사람과 듣는 사람이 음악을 통해
행복할 준비가 되어 있는가가 더 중요하다.

팀명 '25'… 8월 20일

나는 스페인 대사관에서 비자를 받기 위해, 다른 두 친구는 아실라(Asilah)라는 해변 마을에 가기 위해 모두 탕헤르로 향하는 버스에 올랐다. 두 친구가 나의 상황을 알기에 선뜻 함께 아실라로 가자고 말하지는 못했지만, 우리는 헤어짐을 앞두고 마음이 조급해졌다. 탕헤르에 도착해서 폴구스가 어렵게 말을 떼었다.

"잭, 네 사정을 알지만… 그래도 우리와 함께 가지 않을래?"

난 긴 숨을 들이켰다. 다시 길게 숨을 뱉을 때 나의 마음은 이미 그들과 함께할 생각으로 두근거리고 있었다.

"같이 가자!"

나의 결정으로 우린 환호성을 질렀다.

"좋아 이렇게 다시 팀 '25'가 뭉쳤다!!"(25는 우리 모두 25세라는 공통점을 따서 만든 팀명…ㅎㅎ)

저녁 무렵 아실라에 도착하였고, 우린 짐을 정리하고 난 후 도심 구경에 나섰다. 예술가들이 많은 아름다운 도시였다. 폴구스는 우리에게 지난 여행에서 만난 화가를 소개시켜주었고, 그의 화방에서 차를 마시며 그림들을 감상했다. 아랍어 문자를 이용한 그의 그림은 나에게 깊은 인상을 주었고, 이곳에 머무는 동안 매일 밤 화방에 찾아가 그와 이야기하며 그림들을 바라보았다.

멕시코 여인

마을은 멕시코 축제가 한창이었다. 어느 날 아침 폴구스가 일어나자마자 말했다.

"어제 보았던 멕시코 여자 꿈을 밤새도록 꾼 것 같아."

한 번도 대화를 나누지 않았고 이름도 모르지만, 단 한 번의 눈빛 교환만으로 폴구스는 사랑에 빠져 있었다. 그리고 그날 밤부터 폴구스는 그 여자를 다시 만나기 위해 축제 스태프를 만날 때마다 그 여자를 아느냐고 묻곤 했다. 우리가 도시를 떠나기 전 마지막 밤 멕시코 축제의 마지막 무대가 화려한 막을 내렸다. 폴구스는 그녀를 찾을 마지막 기회를 놓치지 않기 위해 신분증을 스태프 명찰처럼 목에 걸고 행사장 안에 숨어 들어가 그녀를 찾기 시작했다. 그곳에서 그녀를 찾지 못하자 그들이 뒤풀이 모임을 갖는다는 레스토랑으로 찾아가 그녀의 행방을 물었다.

한 스태프로부터 그녀는 다른 팀 소속으로 이미 이 도시를 떠났다는 말을 듣자 그제야 그는 마음을 추스렸다.

"제길… 그날, 바로 그날 그녀에게 말을 걸어야 했어! 그래도 난 늦게나마 그녀를 찾으려 노력했으니 된 거야. 이 노력도 하지 않았다면 난 아마 더 크게 후회했을 거야."

더 크게 후회하지 않기 위해 난 지금 무엇을 하고 있을까?

그림

어느 날 밤, 폴구스가 불쑥 나에게 그림 한 장을 주었다.
"어젯밤에 달을 보며 그렸어."
그 전까지는 그가 그림을 그리는지 몰랐다. 그 그림을 받아들고 말했다.
"이 그림 내 책에 실어도 될까?"
"크… 물론!"

그들과 함께한 지 꼭 일주일 만에 모두 스페인으로 가기 위해 다시 탕헤르에 돌아왔다. 하지만 난 그들과 함께 항구로 가지 못하고 우선 스페인 대사관으로 가야 했다.

폴구스가 말했다.

"잭 항구의 출국 대에서 다시 시도해봐."

그렇게 출국 신고서를 들고 심사대에 섰다. 심사원은 내 여권을 쭉 훑어보곤 덤덤히 출국 허가 도장을 시원스럽게 쾅! 찍었다. 난 일주일 전에는 아무리 해도 불가능하던 일이 어떻게 오늘은 이렇게 쉽게 처리되는지 이해가 가지 않았다. 하지만 곧바로 그 이유를 알 수 있었다. 폴구스에게 말했다.

"신이 너와 모로를 만나게 하려고 나에게 일주일을 더 주셨던 거야…"

그렇게 난 그들과 스페인으로 향하는 배에 올랐다.

🐛 이것이 신의 섭리이다.

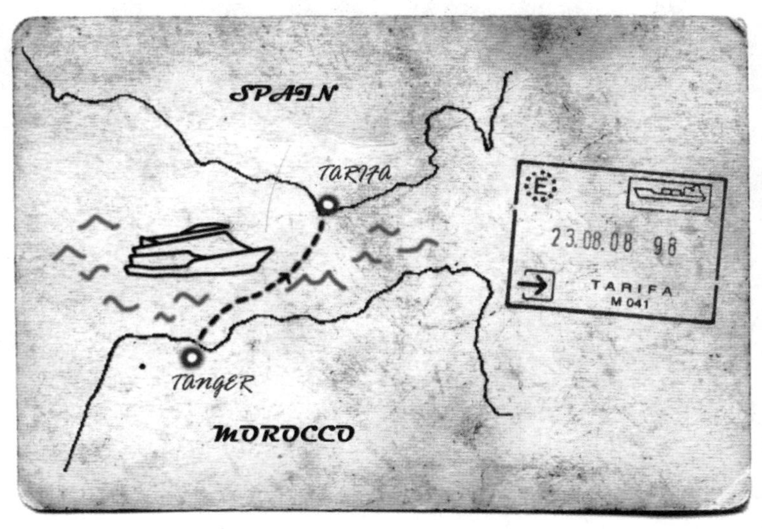

여행을 계속할수록 분명해져 가는 물음은, 어쩌면 이 모든 것이 우연이 아닐지 모른다는 것.

EUROPE

여행을 계속할수록 새로운 것에 대한 관심은 줄어들고
내 안에서 보이기 시작하는 알 수 없는 무언가에 대한
궁금증만 간절해지는 듯 보였다.

– 본문 중에서 –

ENGLAND
HOLLAND
GERMANY
FRANCE
SPAIN

SPAIN

친구를 만드는 데 필요한 것들

스페인 도착

친구를 만드는 데 필요한 것들

아카시아 향기가 나는 여인, 소피

산속의 히피 공동체, 베네피시오

가식과 나체

자유로운 영혼들의 음악회

자전거 여행자, 아벨

자유롭기 위해서

히치 하이킹

잊지 말아야 할 것들

소통의 축제

PATXI

그들의 국가, 바스크

빌바오에서 만난 언어학자

예술의 도시, 바로셀로나

나침반과 손톱깎이

그가 음악을 멈추었던 이유

전시회장에서 일하다

예술이란

슬픔이 가르쳐준 행복

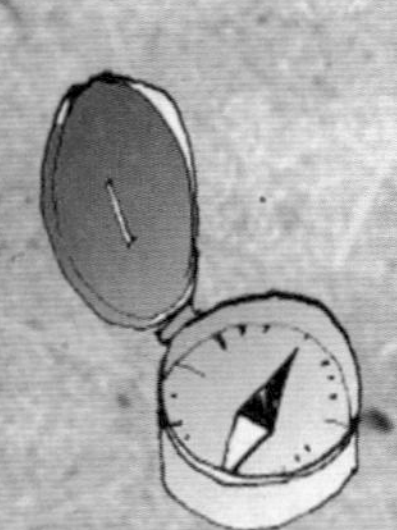

친구를 만드는 데 필요한 것들

스페인 도착… 8월 24일

스페인에 도착하여 모로는 우리와 헤어지게 되었고, 첫날은 폴구스
와 함께 해변에 텐트를 쳤다. 그와 나란히 바다 멀리 모로코 쪽 도시
에서 발하는 빛을 바라보며 앉아 있었다. 새로운 대륙에 왔다는 흥분
보다 내일 그와 헤어져야 한다는 것이 더 아쉬운 밤이었다.

8월 25일

새벽 5시, 텐트 바로 앞에서 자동차 한 대가 멈추었고, 그 소리에 우리 모두는 긴장하며 급히 눈을 떴다. 숨을 죽이고 바깥 소리에 온 신경을 곤두세우고 있는데, 누군가 우리 텐트를 흔들며 스페인어로 뭐라고 말하기 시작했다. 텐트 문을 열고 확인한 그는 스페인 경찰이었다. 그는 폴구스와 몇 마디 대화를 나누더니 우리 여권을 조사하고, 캠핑이 금지된 곳이라며 아침이 되면 짐을 챙겨 떠나라고 말하곤 사라졌다.

오전 9시, 난 알제지라(Argegira)로 향하는 차를 얻어 타면서 그와 작별의 포옹을 하였다. 알제지라에서 다른 도시로 향하는 버스를 구하려 했으나, 나의 비자카드가 말썽이었다. 수중에는 20유로가 전부였고, 현금 인출기는 내 카드를 계속 뱉어내고 있었다. 할 수 없이 버스 역에서 하룻밤을 묵기로 했다.

친구를 만드는 데 필요한 것들… 8월 26일 ~ 28일

어제 두 번의 히치하이킹을 하고, 한 번의 버스를 타고 나서야 그라나다(Granada)에 도착할 수 있었다. 버스 정류장 근처 캠핑 장소에 짐을 풀었고, 나이 지긋한 할아버지 옆에 자리를 잡았다. 스페인 사람인 그는 홀로 안달루시아(스페인 남부) 지방을 여행 중이었다.

오늘은 할아버지께 어제 그린 알람브라(Alhambla) 궁전 그림을 선물하는 것을 시작으로 우리는 긴 대화(?)를 나누었다. 대화라고 하기

에는 내가 이해한 스페인
어가 손에 꼽을 정도였지
만, 나의 추리력과 상상력
으로 간신히 따라잡았다.
　할아버지와 체스 한 판
을 막 끝냈을 때 할아버
지는 이것저것 나에게 챙
겨주기 시작하였다. 그날
할아버지를 따라간 알람
브라 궁정 그림을 대신해
아침 햇살에 보석처럼 반
짝이던 궁전의 기둥 그림
을 여기 남긴다.

　친구를 만드는 데
　언어와 나이는 중요
　하지 않다.

알함브라

　에스파냐의 마지막 이슬람왕조인 나스르왕조의 무하마
드 1세 알 갈리브가 13세기 후반에 창립, 증축과 개수를
거쳐 완성했다. 기둥과 벽면의 정교한 조각들이 놀라웠
다. 그리스도교들이 다시 에스파냐를 정복했지만 정중하
게 보존하였고, 현재 이슬람 문화의 독특함과 아름다움
을 느낄 수 있다.

아카시아 향기가 나는 여인, 소피… 8월 27일

다른 도시로 떠나는 할아버지를 배웅하고 돌아왔을 때 한 짐 가득 짊어진 씩씩한 여자가 할아버지가 있던 자리에 짐을 털썩 내려놓았다. 미소를 두 볼에 오롯이 담아내는 첫인상부터 평화로운 여자였다. 그녀와 함께 할아버지가 준 돗자리에 앉아 아침 식사를 해 먹었다. 그녀는 독일인으로 이미 인도와 유럽 곳곳을 여행한 친구였다.

그날 밤, 그녀와 다시 자리를 함께했다. 난 그녀가 따 온 아카시아로 차를 끓였고, 그녀는 기타를 연주하기 시작하였다. 내가 그녀의 오른손에 꽃 모양의 타투를 만들어 준 후에는 내가 기타를 잡았다.

우리의 대화는 늘 평화로운 침묵 뒤에 이어졌고, 모든 소리는 다시 달콤한 침묵 속에서 아카시아 향기처럼 은은한 여운을 그려내었다.

"소피, 내일 그 마을에 간 다음에는 뭘 할 계획이야?"

"한 남자를 찾을 거야. 그를 만난 건 2년 전 그 마을에서였어."

"그동안 서로 소식을 주고받았던 거야?"

"그는 메일도 전화기도 없어. 편지를 써볼까도 생각했지만 글로 담기에는 하고픈 말이 너무 많아서 그러지 못했지…."

"너에게 그는 아주 소중한 사람이구나…."

이 대화 끝에는 전보다 더 길고 애잔한 침묵이 이어졌다. 난 그 고요 속에서 그 남자가 아직도 그 마을에 살고 있기를, 그래서 내일 밤에는 그녀가 그의 곁에서 오늘 밤처럼 슬픈 곡들이 아닌 사랑의 노래를 연주할 수 있기를 기도했다.

그라나다 대성당

1523년 착공하여 1703년 완공. 처음에는 고딕양식으로 시작했으나 르네상스 양식이 가미되었다. 대성당 건물이 주변의 아기자기한 건물들에 둘러싸여 묘한 시공간적 조화를 이루고 있었다.

CATEDRAL DE GRANADA

산속의 히피 공동체, 베네피시오... 8월 29일~9월 10일

소피와 헤어지기 전 그녀가 내 오른손 손바닥에 급히 적어준 곳, 베네피시오(Beneficio).

"좋은 곳이야…. 좋은 사람들이 모여 사는 곳…."

난 아무것도 묻지 않았고 그녀와 헤어져 베네피시오로 향하는 버스에 올랐다. 버스는 두 시간을 달려 나를 스페인 깊숙이 자리 잡은 한적한 산골 마을에 데려다 놓았고, 베네피시오를 외치며 히치하이킹을 할 때마다 난 계속 산속 어딘가로 깊숙이 들어가고 있었다. 더 이상 차가 갈 수 없는 길에 이르자 차에서 내려 산속으로 걸어 들어가기 시작했다. 곧이어 계곡을 따라 여기저기 천막집들과 작은 돌담집들이 보이기 시작하였다.

전기도 수도도 없이 오직 자연에 기대어 사는 사람들이 모여서 만든 산속 작은 공동체, 그곳이 베네피시오였다. 나도 숲 속에 자리를 잡고 텐트를 쳤다.

가식과 나체

처음 이곳에 와서 가장 당황스러웠던 것은 몇몇 사람들이 나체로 생활하는 모습이었다. 나체로 밭을 일구거나 요리를 하고 있는 그들의 모습은 누드 해변이나 한국의 사우나와는 다른 무엇이었다.

햇빛이 맑았던 어느 날, 숲 속 옹달샘에 물을 길러 갔을 때 바위 위에는 아비, 어미 그리고 어린 딸이 햇볕 아래 벌거숭이로 누워 있었다. 그 모습이 처음에는 당황스럽다가 잠시 후에는 오히려 무언가를 걸치고 있는 내가 거추장스럽게 느껴졌다.

자유롭기 위해 꼭 나체여야 할 이유는 없겠으나, 나와 같은 사람의 나체를 보고 당황한 것은 왜일까?

🌶 이 여름에도 나의 가식의 옷은 겨울처럼 두껍다.

자유로운 영혼들의 음악회

첫날 밤 어디선가 들려오는 음악 소리에 잠을 깨어 어둠을 더듬어 산 중턱에 올랐을 때, 15명 남짓한 공동체 사람들이 장작불을 가운데 두고 둘러앉아 작은 음악의 밤을 맞이하고 있었다. 긴 산발에 턱수염이 가슴까지 내려온 이가 음악을 이끌며 기타를 연주하고 있었다. 늘 음악의 시작은 이러했다.

그는 잠시 눈을 감고 기타 줄을 속삭여 그의 세상 속 선율들을 불러내었고, 그 자리에서 찾아낸 음악에 그의 온몸이 뛸 듯이 요동치기 시작하면 가장 먼저 기다렸다는 듯 북을 가진 사람들이 그의 음악에 박자의 두근거림을 더하기 시작하였다. 곧이어 리코더가 들어왔고, 한 할머니는 화음을 넣었다.

아프리카에서 온 남자는 두 개의 작은 공을 줄로 연결하여 곡예를 부리듯 똑딱이는 소리를 냈다. 조용히 눈을 감는 이도 있었고, 한 발 옆에서 드러누워 하염없이 밤하늘의 별을 헤아리는 남자도 있었다. 낮에는 늘 나체로 생활하는 40대 초반의 여인은 타오르는 불빛을 받아 붉게 넘실거리는 하얀 치마를 입고 원을 그리며 춤을 추기 시작하였다.

그녀는 노래하는 불빛의 세상과 침묵의 나무로 지어진 어둠의 경계를 타고 춤추었고, 그녀의 춤사위에 그 경계가 자연스레 허물어지는 것을 느낄 수 있었다. 그래서 불빛이 어둠 속에 배어들고 침묵의 숲이 소리에 귀 기울이기 시작할 때 그는 노래를 부르기 시작하였다. 그의

가사들은 우리로 하여금 잊었던 삶의 물음들 앞에서 숨죽이게 하거나,
때로는 엉뚱하면서도 재미있는 삶의 해석으로 미소 짓게 하였다.

　이 음악의 축제는 매일 밤 사람들을 모이게 했다. 그가 매일 이곳에
오는 것은 아니었으며, 그가 함께하는 밤은 다른 밤과는 분명 달랐다.

　나의 마지막 날 밤, 떠남을 앞두고 가장 아쉬웠던 것은 그의 음악을
더 이상 들을 수 없다는 것이었다. 다행히도 그날 밤에 그가 함께했고
새로운 얼굴의 서너 명의 여자 여행자들도 자리에 있었다. 분위기가 한
층 물이 올랐을 때 그녀들 중 한 명이 그의 기타를 넘겨받았다.

　그녀의 연주가 시작되자 그는 북을 연주하기 시작하였다. 그녀의
연주도 인상적이었지만 더욱 놀라웠던 것은 그녀의 음악에 대한 그의
강렬한 집중이었다. 그의 손은 보이지 않을 정도로 북 위에서 춤추고
있었고, 그 어느 때보다도 그의 상체는 그녀의 음악 위에서 휘청거렸
다. 다른 소리들은 숨죽였고 두 음악가 사이에 강렬한 소통이 이루어
지고 있었다. 그녀의 짧은 머리칼은 이미 땀으로 흥건해졌고, 그의 북
은 그녀의 음악을 섬기는 반항적인 노예처럼 기타 안에서 마구 요동
쳤다. 그때 내 옆에서 백발이 무성한 자유 시인 토마스 할아버지가
조용히 속삭였다.

　"잭, 이게 바로 인생이야. 지금 이 순간이 인생인 거야…."

　짧은 그의 말을 듣고 생각했다.

　나의 평생이 그들의 지금 이 순간보다 짧을지도 모르겠다고.

자전거 여행자, 아벨

계곡 옆 언덕에서 작은 돌담 집을 짓고 있는 남자가 있었다. 프랑
스에서 온 그의 이름은 아벨. 자전거로만 9년을 여행한 친구였다. 언
제나 공동체 사람들을 위해 푸짐한 점심을 준비하는 그는 가슴이 따
뜻한 남자였다. 하루는 그가 짓고 있는 한 평 남짓한 집을 찾아가 지
붕을 진흙으로 덮는 것을 도와주었는데, 그 답례로 받은, 그가 직접
그린 자전거 그림 한 장을 여기 남긴다.

자유롭기 위해서… 9월 10일

베네피시오에서 10일간 생활하며 이곳 사람들을 관찰하고 또 그 속에 융화되려고 노력하였다. 이들이 진정 추구하는 삶의 모습은 무엇이며, 이곳에서 그 이상향을 따라 살아가고 있을까? 산속에 들어와 옷을 벗어던지면 진정 우린 자유로워지는 것일까? 여하튼 난 더 자유롭기 위해 이곳을 떠난다. 이곳을 떠나며 내 가식의 옷이 조금은 가벼워졌기를 바란다.

히치 하이킹… 9월 10일~13일

베네피시오가 있는 스페인 남부 오르기바(Orgiva)에서 스페인 북부 레케이티오(Lekeitio)까지 스페인을 종단하는 긴 여정에 올랐다. 남아공에서 사귄 친구 한 명이 레케이티오에 살고 있었는데, 3일 전 그의 초대를 받아냈기에(?) 그를 만나러 가는 길이었다. 오직 히치하이킹을 하여 이동하였다. 고속도로의 주유소를 거점으로 이동하였고, 밤에는 주유소 근처 풀밭에서 텐트를 치고 요리를 하였다. 3박 4일간의 이동에서 낯선 여행자에게 선뜻 옆자리를 내준 아홉 명의 용맹스런 운전기사들을 만났고, 아홉 번째 얻어 탄 차가 울창한 숲을 지나 나를 레케이티오의 작은 버스 정류장에 내려놓았다. 친구에게 전화를 하고 15분 정도 기다리니 저 멀리에서 그가 웃으며 걸어왔다.

남아공에서 머물렀을 때 만났던 그 친구는 친구라는 말이 어색할 정도로 나이 지긋한 할아버지다. 하지만 친구의 나이가 무슨 상관이 있겠는가. 그에게 언젠가는 내가 스페인에 가서 직접 한국 요리를 해주겠노라 약속한 일이 있었다. 하지만 그의 집에 머물던 4일간 노부부는 한국 요리를 못하게 함은 물론이고, 나에게 부엌에도 못 들어오게 하며 편히 쉬도록 도와주었다. 노부부의 따뜻한 보살핌을 받으며 그간의 여독을 풀 수 있었다.

소통의 축제

우연히도 이곳에 온 날은 이 지역에서 일 년 중 가장 큰 축제가 열리는 날이었다. 온 마을이 어부를 상징하는 푸른색 옷의 물결로 들썩거렸다. 그들과 축제를 함께 즐기며 가장 인상 깊었던 것은 모든 사람들이 함께하는 축제라는 것이었다. 전통 춤과 전통 스포츠에 젊은 이들이 열광하고 전자 음악이 요란한 맥주 바에는 청바지를 입은 백발의 노인들이 젊은이의 수를 압도했다.

왜 한국의 중장년층은 젊은이들의 문화에 혀를 내두르고 우리의 전통 스포츠는 왜 대를 잇지 못해 죽어가는 것일까? 세대의 격차를 뛰어넘어 애정 어린 시선으로 한 발 먼저 다가가는 따뜻함이 없기 때문은 아닐까?

PATXI

에라문이 소개해 준 친구 파치.
은퇴한 어부?
가능성 없는 화가?
오두막 안의 외톨이?
떠돌이 방랑자?

찬란한 바다에서 젊음을 바치고!
위대한 화가!
친환경 건축가!
늘 새로운 세상을 동경하는 모험가!

그들의 국가, 바스크

내가 있는 이곳은 사실 스페인이 아니다. 일명 '바스크(Bask country)'라고 하는 이 나라는 스페인 내전(1936년~1939년)을 거치면서 강제로 스페인에 편입되어 지금까지도 독립을 요구하고 있다. 일부는 스페인 영토에, 나머진 프랑스 영토에 부속되어 있으며, 이 두 나라로부터 독립을 원하고 있다.

어느 날, 에라문 그리고 파치와 함께 인근 마을로 향했다. 바스크 정치 지도자가 스페인 감옥에서 풀려나는 날이었고, 그의 연설회가 있었다. 500여 명의 사람들이 작은 마을 광장을 메우고 있었다. 나는 곧이어 나이 지긋한 남자가 심각한 얼굴로 나와, 비장한 말을 시작하리라 생각했다. 하지만 잠시 후 모습을 보인 그는 30대 중반에 얼굴 가득 웃음이 담긴 남자였다. 그는 청바지를 입고 나와 사람들에게 따뜻한 인사와 포옹을 하며 단상 위로 올라왔다.

전통 춤과 음악이 끝나자 그가 드디어 입을 열었다. 얼굴에는 웃음이 가시고 분명하고 엄숙한 무엇을, 독립을, 자유를 쏟아냈다.

젊은 그의 목소리에 온 세상이 숨죽였고, 빼앗긴 나라를 되찾겠다는 열망은 세월 속에서 한 치의 사그라짐 없이 온전히 이어져 왔다.

그들의 눈물 맺힌 눈을 바라보며 민족에 대하여, 한민족이라는 믿음에 대하여 생각해보았다. 우리 민족이 분단된 지 고작 60여 년의 세월이 흘렀다.

§ 지금 우리에게 민족의 의미는 무엇일까?

빌바오에서 만난 언어학자

에라문의 친구의 초대로 우리는 빌바오로 향했다. 그는 빌바오 대학 교수로서, 최근엔 세계의 언어에 대한 연구를 하며 모국어인 바스크어를 발전시키기 위해 노력하고 있었다. 그는 식사가 시작되자마자 수많은 질문들을 쏟아냈다. 그의 질문들은 의문의 해소라기보다 알고 있던 지식의 확인에 가까웠다. 그는 한국어가 목적어를 포함한 부수적인 정보들을 먼저 말하고 서술어를 말하기 때문에, 청자로 하여금 예측이나 정보의 점진적인 구성을 어렵게 한다는 사실에 집중하고 있었다. 나는 그 모두를 인정하였다. 그것이 한국어이기 때문이었다.

"하지만 한국어는 청자를 끝까지 집중하게 함으로써 자연히 말하는 것보다 듣는 것을 중요시하도록 도와줍니다."

"그것은 당연한 윤리이지 언어가 그것을 강요할 필요가 무엇인가?"

"그것은 당연해 보이지만 다른 이의 말을 끝까지 듣는 사람을 만나기란 정말 어려운 일이지요."

이 말을 듣고 내 이야기가 끝나기 무섭게 말을 시작하던 그가 씩 웃어 보였다. 내 말 속에 필요 없던 가시가 있던 것 같아 후회가 되었다. 그와 이야기하며 한국어에 대하여 객관적으로 바라볼 수 있는 기회를 가질 수 있었다.

언어는 끊임없이 변화하고 진화한다. 그 과정을 올바른 방향으로 이끄는 것도 중요하지만, 때론 불편해 보이는 부분일지라도 그 안에 소중한 뜻이 담겨 있음을 알고 지켜나가야 하지 않을까?

에라문의 배웅을 뒤로 하고 빌바오에 도착하였다. 빌바오에 온 가장 큰 목적은 구겐하임 미술관을 보기 위해서였다. 건물 틈새로 아지랑이처럼 아름답게 피어난 구겐하임을 처음 봤을 때 난 환호성을 질러버렸다.

싼 숙소에 짐을 풀고 2일간 구겐하임을 포함한 빌바오 도시 곳곳을 스케치하였다.

이틀 후 숙소에서 만나 친해진 독일인 친구 세바스찬과 함께 빌바오에서 3시간 거리에 있는 산세바스티안(Sansebastian)에 도착하였고, 아름다운 해변마을에서 머물던 2일간 대부분의 시간을 건물과 거리 사람들을 스케치하는 일로 보냈다.

세바스찬과 헤어져 바르셀로나(Barcelona)로 가기 위해 다시 히치하이킹을 시도했지만 이틀째 되던 날, 어느 고속도로 주유소에서 경찰에게 붙들려 그의 과하도록 친절한 호송을 받으며 근처 마을버스 정류장에 내려졌다. 그곳에서 버스를 타고 밤 11시경 바르셀로나에 도착하였다. 버스에서 내려 주위를 살폈다. 소매치기로 악명 높은 곳인 만큼 난 배낭을 챙겨 잔뜩 웅크리고 앉았다.

길가 어느 버스 정거장에서 나와 같은 처지의 알제리인과 일본인을 만났고, 우리는 같이 아침을 기다리기로 했다. 스페인어와 아랍어, 프랑스어를 할 줄 아는 알제리인과 영어와 일본어를 하는 일본인 사이에서 내 멋대로 통역을 하고 있는 나를 발견하고 스스로가 신기했다.

언어를 단순히 학문적으로 공부한다는 것은 슬픈 일이다. 언어를 배운다는 것은 문화를 만나고 나누는 것이다. 깊은 밤 누군가에게 서툰 발음이지만 무언가를 묻고 답해보는 것이며, 작은 농담에 서로 호탕하게 웃어보는 것이다. 그리고 그 웃음 속에서 문화와 종교, 인종을 뛰어넘는 동질성을 확인하는 것이다.

다음날 아침, 바르셀로나 버스 정류장 안으로 들어갈 수 있었다. 일본인과 알제리인과 헤어져 정보 안내소를 찾았다. 지난 이틀 밤을 길에서 잔 탓인지 입 안에 마른 바람기 같은 피로가 고여 있었다. 숙소 번호를 받고 공중전화 앞에서 막 다이얼을 누르려는 순간 바로 앞 전화부스에서 혼자 끙끙거리는 중국인 여행자를 보았다. 그녀에게 도움이 필요하냐고 물었고, 두세 가지 질문에 답해 주었을 때 등 뒤에 모든 세상이 사라진 듯 아찔한 현기증을 느꼈다. 뒤돌아봤을 때 내 가방은 이미 사라진 후였다.

여권과 카드, 현금은 복대에 있었지만 이런저런 잡동사니들이 들어 있어 제법 어깨를 누르던 가방이었다. 무엇보다도 빌바오에서 산세바스티안까지의 내 스케치들이 모두 날아가 버린 순간이었다.

숙소를 찾아 들어와 마음을 추스르고 잃어버린 것들과 그중 꼭 다시 사야 하는 것들의 목록을 적어나갔다. 잃어버린 스케치들은 평생 내 머릿속에 들어 있을 것이고, 없어진 우비 때문에 비 오는 날에는 옷이 젖을지도 모르겠다. 이제 손칼이 없으니 사과는 껍질째 씹어 먹어야 한다. 이렇게 생각하다 보니 아무리 따져 봐도 그 묵직하던 소지품들 중에 이 두 가지 외에 더 이상 새로 살 것들이 떠오르지 않았다.

나침반과 손톱깎이….

🥕 소유란 무엇일까?

그가 음악을 멈추었던 이유

호된 신고식을 치르고 난 뒤 한결 가벼워진 가방으로 바르셀로나 도시를 둘러보기 시작했다. 바르셀로나는 진정 예술의 도시였다. 가우디와 피카소가 있었고, 수많은 전시회와 예술가들이 거리 골목골목에서 살아 숨 쉬고 있었다. 이곳에 머물렀던 일주일 동안 나와는 동떨어진 것처럼 보였던 소위 예술 세계에 흠뻑 취해 다녔다. 아침에 숙소에서 일어나 감자 대여섯 개와 계란 두어 개를 삶아 가방에 넣고 전시회장과 건축물을 둘러보았다. 다른 사람이면 2~3일에 다 볼 것을 난 일주일이 빠듯하게 걸렸다. 30장이 넘는 건축물을 그렸고, 거리에서 자유를 노래하는 음악가들의 기타 연주를 따라 걸었다. 한번은 바다 옆 광장 많은 사람들에게 둘러싸여 기타와 함께 노래하는 음악가와 저녁노을을 함께했다. 그는 동전을 넣어주는 많은 사람들을 의식하지 않고 끊임없이 노래를 부르고 있었다. 그가 한창 노래를 부르고 있을 때 그의 기타 케이스에 음악에 대한 답례를 하고 자리를 떠나려는데, 그가 음악을 멈추고 멀어져 가는 나를 바라보며 외쳤다.

"정말 고맙소. 친구!!"

스피커에서 울려 퍼진 그의 갑작스런 말에 난 멀리 보이는 그에게 엄지손가락을 세웠고, 사람들은 영문을 몰라 어리둥절했다. 그들 중 누군가는 아마도 내가 음악을 멈출 만큼 거액의 돈을 넣고 갔을 거라 생각했겠지만, 나의 가난한 답례는 그의 모습이 담긴 작은 그림 한 장이 전부였다.

사그리다 파밀리아 성당

그토록 만나고 싶던 가
우디. 사그라다 파밀리
아 성당 내부로 들어갔
을 때, '독창성이라는
것은 근본으로 돌아가
라는 것이다' 라고 했던
그의 말의 의미를 확실
히 알 수 있었다.

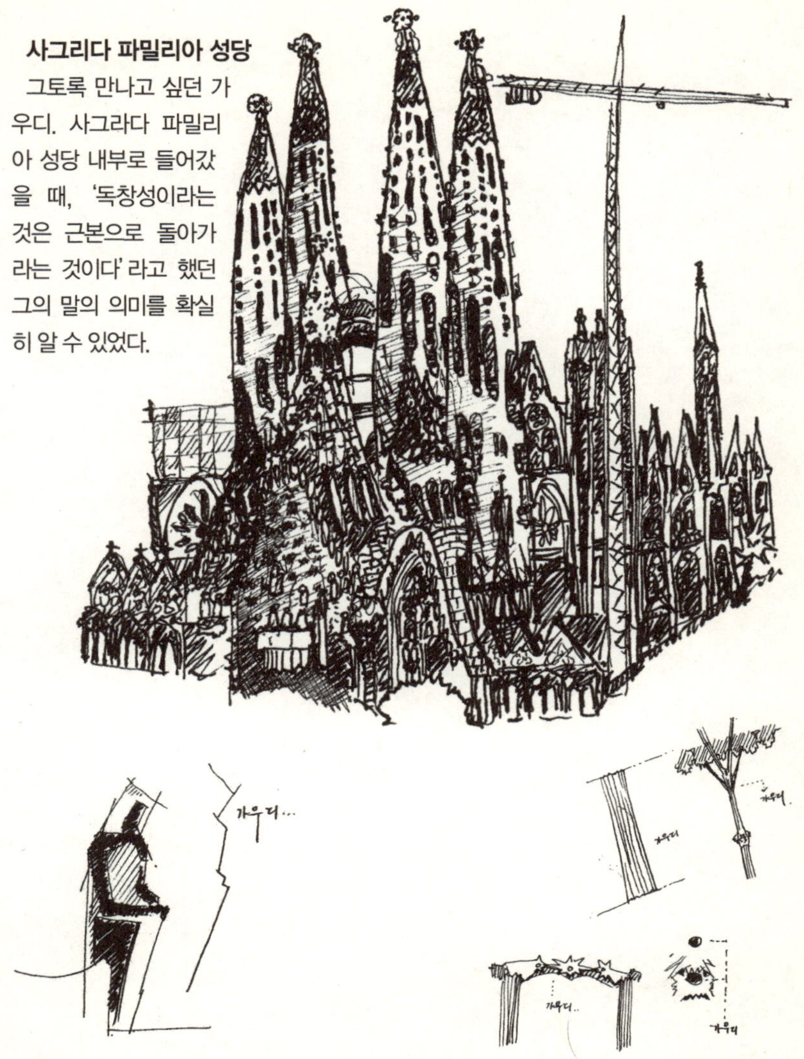

국립카탈루냐미술관(Museu Nacional d' Art de Catalunya)
1934년 몬주이크 언덕에 세워진 미술관. 로마네스크 미술, 교회 벽화 컬렉션에서 세계 최고라고 하지만, 나는 조금 지루했다. 박물관 안을 대충 보고 나와 박물관 외관의 그 웅장함과 고풍스러움을 감상하는 데 그날의 오후를 보냈다.

스페인 민속촌(Poble Espanyol)

Poble Espanyol은 스페인의 건축 스
타일과 수공품들을 보여주고 있는 곳이
다. 1929년 국제적인 박람회를 계기로
계획, 이곳에 있는 116개의 집들은 스페
인 전역의 다양한 건축 양식을 보여주고
있으며 건물들은 가운데의 중심 광장에
서부터 방사형으로 배열되어 있다. 이 건
물들은 당시의 유명한 건축가와 예술가
들에 의해 설계되었다.

바르셀로나에서 있었던 마지막 날, 인터넷 검색창에 두 단어를 적었다. 와인 농장 그리고 스페인. 그래서 찾아낸 곳 알렐라(Alella). 그곳에 가면 포도 농장 일을 구할 수 있을 것 같았다.

작은 버스가 30여 분을 달려 작은 마을 알렐라에 도착하였고, 바르셀로나에서 그리 멀지 않은 마을인데도 거리는 사람 하나 없이 한적했다. 10여 분 정도 걸었을 때 드디어 아주머니 한 분을 길에서 만날 수 있었다. 그녀를 놓칠세라 달려가 물었다.

"이 마을에 증보, 장보… 정보 안내소가 어디죠?"

나의 서툰 스페인어에 그녀가 웃으며 영어로 말했다.

"내가 지금 마을 안쪽으로 가고 있는데 따라올래?"

친절한 아주머니와 그렇게 함께 걷기 시작했고, 난 다시 물었다.

"이 마을에 싼 숙소가 있나요?"

"음… 이 마을에 그런 곳은 없는데…. 아! 내가 한 곳을 알고 있지! 저 언덕 너머에 있는데…, 바로 우리 집!! 우리 집은 무료야. 호호."

이런 식의 갑작스런 초대는 아프리카에서는 익숙했지만 유럽에서 가능하리라고는 예상치 못했다.

그녀의 이름은 프랑수아. 아주머니는 곧바로 아들 니키를 길에서 만나 소개시켜주었고, 우리 모두는 그녀의 딸 타티가 사는 집으로 가 점심을 함께했다. 저녁 무렵 그녀는 마을 외딴 언덕에 아늑히 자리한 집으로 나를 데려가 좋은 방과 침대를 내주며 집 안의 모든 것들을 내 집처럼 사용하라고 말했다. 감사한 마음에 몸둘 바를 몰랐다.

"낯선 여행자에게 과분한 친절을 베푸시네요. 이방인에게 조금의 두려움도 없으신가요?"

"나의 할아버지는 모로코에서 프랑스로 넘어오셨고, 나의 어머니는 라오에서 스페인으로 와 아버지를 만나셨지. 난 어느 정도는 세계적인 국적의 소유자라고나 할까? 히히. 그리고 난 이렇게 생각해. 우린 다른 모습, 다른 언어를 사용하지만 사실 지구 안에서 한가족이지."

그렇다. 우린 지구 안에서 한가족이다.
하지만 난 역시 알고 있다.
낯선 여행자 한 명을 집으로 초대하는 것이
거창하게 말하는 것보다 더 어렵다는 것을….

예술이란?

아주머니의 가족은 모두 예술가들이었다. 아들 니키는 비디오 예술을 하고 있었고, 딸 타티는 음악을 하고 있었다. 아주머니 또한 요리 강사이자 성가대 활동을 하고 있었다. 마을에는 작은 창고를 개조해서 만든 전시회장과 음악 연습실이 있었는데, 니키와 타티는 이곳에서 예술 작업을 하고 있었다. 때마침 내가 온 날로부터 3일 후 전시회가 예정되어 있어, 난 이곳에 머물렀던 4일간 대부분의 시간을 이들과 전시회 준비하는 일로 보냈다.

밤늦도록 포스터를 제작하고, 프로젝터를 설치하고, 작품을 구성하며 그들의 열정을 느낄 수 있었다. 니키가 그간 작업한 비디오 예술 작품들을 모두 감상한 후, 난 신선한 충격으로 그에게 말했다.

"대단한데! 몇 년 안에 넌 세계에서 아주 유명한 비디오 예술가가 되겠어!"

"하하, 잭. 난 유명하길 바라지 않아. 집과 음식이 있으면 계속 작업할 수 있으니 그걸로 충분하지."

한 발 옆에서 세속적 잣대로 그들을 바라보면 이 작은 전시회는 굉장히 소비적인 일로 보인다. 많은 사람들이 찾아오지 않기 때문에 유명해질 일도 없고, 누구 하나 자금을 지원해주지 않기 때문에 그들은 늘 가난하다.

전시회장 한구석에서 기타를 연주하는 세구인은 몇 달째 일을 구하지 못했고 여기서는 무료로 노래를 부르고 있다. 건물의 소유주이자 이 회관의 창설자인 MA도 예술가들에게 무료로 공간을 열어주고 있으며, 니키도 이곳에서 비디오와 각종 장비들의 관리를 무료로 해주고 있다. 그저 누군가 돈이 조금 생기면 새 물품을 구입해 가져다 놓거나 다른 일터에서 번 돈으로 작품 활동을 계속하고 있는 것이다.

그래서 이곳에는 오로지 따뜻한 열정만이 가득하다. 모두가 예술 안에서 한 가족이며 감히 저속한 세속의 잣대가 그들을 시험하지 못한다.

그렇게 아주 따뜻한 전시회가 끝나고, 그날 밤 맥주 바에 모여 뒤풀이를 하는데 프랑수아 아주머니에 관한 이야기가 화제에 올랐다.

세구인이 말했다.

"1년 전까지 우리의 연습실은 그녀의 집 1층이었어. 우린 그곳에서 4년을 연습했지. 그 기간 동안 그녀는 단 한 번도 전기세와 소음을 묻지 않으셨어."

화가인 T가 말했다.

"난 그 집 한 방에 2년간 머물면서 작품 활동을 했지. 그때 난 그 집이 마치 내 집처럼 편안했어."

조용하던 이솝이 말했다.

"난 아주머니 집에서 5년을 머물렀고, 이제는 마치 큰아들처럼 되어버렸다."

예술을 하기 위해서 꼭 노래를 부르고 시를 쓸 필요는 없다.
도움이 필요한 대상에게 사랑을 주는 행위 그 자체가
어떤 것보다 아름다운 예술이 될 수 있다.
인생은 짧고 예술은 영원하다고 했던가.
타인에게 준 사랑은 영원한 예술의 씨앗이 되어
찬란한 계절에 빛 좋은 정원을 만나면
꽃이 되고, 노래가 되고, 시가 된다.

슬픔이 가르쳐준 행복

　마지막 날 밤, 그녀와 주방에서 차를 함께했다. 나직한 이야기들이 촛잔에 가득 담기기 시작했을 때 그녀가 고백하는 듯한 목소리로 말했다.

　"나도 남편이 있었지. 흠, 그는 담배도 술도 안 하는 반듯한 사람이었어. 난 매일 아침 가장 먼저 일어나 요리를 하고 가장 늦게 잠자리에 들었지. 오로지 가족의 뒷바라지를 위한 삶이었어. 8년 전 어느 날 갑자기 그는 사랑하는 여인이 생겼다며 프랑스로 떠나버렸고, 난 그날 이후로 울기 시작했어. 아무것도 하지 않고 꼬박 일 년을 울었을 때 그가 돌아와 말했지. 잘못했으니 이 집에서 다시 같이 살게 해달라고. 난 단번에 그를 내쫓았어….

　그 이후로 난 나를 위한 시간들을 만들기 시작했어. 요리를 가르쳤으며, 늘 좋아하던 가스펠을 부르기 위해 찬양대에 들어갔지. 지금 난 내 인생 그 어느 때보다 내 안에서 행복해."

　행복의 시작은 나다.
　바깥으로부터 들어오는 것들은
　행복이 아닌 즐거움이다.
　난 즐겁다는 것과 행복하다는 것의 차이를
　잊기 않고 살고 싶다.

　　일 년 정도 쉬다가라는 아주머니를 뒤로 하고 4일째 되는 날, 나는 그녀의 집을 떠날 수밖에 없었다. 더 오래 있으면 너무도 편한 이 집에 눌러앉고 싶어질 것만 같았기 때문이었다. 이곳에 머물던 동안 그녀가 나에게 준 겨울 코트와 등산화 그리고 맛있는 음식들은 여기 기록할 수 있겠으나, 아주머니의 따뜻한 마음을 어떤 글귀로 표현할 수 있을까? 매일 아침 부스스 부엌으로 들어오는 나에게 그날 아침에 피어난 해바라기처럼 환하게 미소 지으며 차를 따라주었던, 수없이 많은 사랑의 조각들을 어떻게 다 글로 적을 수 있을까?

I am still beautiful

FRANCE

산장 수리공으로 일하다... 10월 1일~9일

프랑수아 아주머니가 소개해준 곳은 프랑스 산골 마을 돔프낙 (Dompnac)이었다. 그곳에서 아주머니의 누이를 만날 예정이었다.

"내 생각에 그곳이 프랑스에서 가장 산속 깊숙이 자리한 가장 작은 마을일 거야. 명상 수련을 하며 자연식을 하고, 자연에 기대어 사는 사람들이 모여 사는 아름다운 곳."

이런 설명을 듣고 내 다음 목적지는 큰 고민 없이 정해졌다. 아주머니의 눈물의 배웅을 뒤로 하고 스페인을 떠나 프랑스로 향했다.

고요한 사색의 공간, 텐트… 10월 1일~2일

다시 히치하이킹을 시작했지만 불운했는지 얼마 가지 못하고 풀숲에서 캠핑을 하게 되었다. 새벽 2시, 잠에서 깨었다. 가을밤의 싸늘한 공기 때문이었다. 5개월 가까이 사용한 싸구려 텐트는 여기저기 벌어져 있고 삐걱거렸다. 베니피시오 히피들에게 배운 대로 촛잔에 촛농을 녹여 그 위에 작은 나뭇가지를 태웠다. 작은 텐트 안에 금방 온기가 돌았지만 다시 잠들 수 있을 정도는 아니었다.

할 수 없이 조용히 앉아 묵상을 시작했다. 그동안 이 텐트와 함께하며 겪었던 많은 일들이 떠올랐다. 텐트는 잘 곳 걱정 말고 배짱만 가지고 떠나라 했고, 수천 방울의 빗방울 소리와 고요한 새벽을 들려주었다. 오늘은 깊은 밤, 무지의 늪에 잠들어 있는 나를 깨워 조용히 묵상하게 한다.

다음날 아침, 더 이상 밖에서 잘 수 있는 날이 많지 않을 것이라 생각하여 텐트와 매트리스를 버렸고, 내 여행에도 가을을 맞았다.

깊은 산속 마을, 돔프낙 도착… 10월 2일

돔프낙에 가기로 약속한 날짜에 늦지 않기 위해 히치하이킹을 그만두고 기차를 탔다. 기찻길이 끝난 곳에서 버스를 탔는데, 버스가 산길을 달려 종점 조아이유스(Joyeuse)에 도착했다. 그리고 나를 마중 나온 60대 중반의 아주머니를 만날 수 있었다. 그녀의 이름은 메릭 클레어. 프랑수아의 누이 폴은 현재 팔이 아파 병원에 있기에 같이 살고 있는 그녀의 아내 메릭 클레어가 나를 마중 나온 것이다(두 분은 동성이지만 합법적인 결혼 생활을 하고 있었다). 그것이 나에게는 작은 충격이었으나 돔프낙의 가을산의 아름다움은 곧 더 큰 충격으로 나를 압도했다.

그녀와 함께 다시 깊은 산속을 한 시간 정도 달려 돌담으로 지어진 아름다운 산속 마을에 도착하였다. 그리고 노을을 가득 담은 돌담으로 지어진 그녀의 산장에 짐을 풀 수 있었다.

산에 기대어 사는 삶

이곳에서 내가 맡은 일은 겨울 준비로 한창인 이 집 곳곳을 수리하는 일이었다. 무보수인 만큼 하루에 일하는 양은 많지 않았고, 나머지 시간을 메릭 클레어와 차를 마시고 이야기하며 보냈다. 창틀에 담긴 울창한 가을 산의 풍경은 금방이라도 창문 안으로 밀려들어올 듯 실내와 묘한 긴장감을 유지하고 있었다.

집에는 거북이와 당나귀, 닭, 앵무새, 덩치 큰 하얀 개 세르게이가 함께 살고 있어 작은 동물 농장처럼 느껴졌다. 병원에 있다는 폴은 메릭 클레어와 비슷한 나이의 아주머니로 불교 신자이며, 시집과 불교 관련 책을 집필한 작가였다.

메릭 클레어는 꽤 이름 있는 화가로 집 안은 온통 그녀의 그림들로 가득했다. 사실주의에 철저한 그녀의 그림들은 사진을 보는 듯한 착각이 들 정도로 정교했다. 특히 인도를 여행하고 그린 그녀의 그림들은 특별한 감동을 주었다.

보는 것만으로도 슬픈 폴의 상처

그녀와 나는 여행에 대해서 그 누구보다 많은 이야기를 나누었다. 젊은 시절 공항에서 일한 경력을 가지고 있어 그녀의 영어가 유창했던 것도 하나의 이유였겠지만, 가을밤 산장 벽난로에 불을 붙이고 맛있는 요리와 함께 와인 잔을 기울이면 숨겨둔 이야기가 슬금슬금 고

개를 내미는 것이었다. 어느 날 밤, 내가 물었다.

"처음 제가 이곳에 와서 이 집을 봤을 때 너무 아름다워 여기 머무는 것 자체만으로 행복했어요. 그런데 살아보니 이 집은 사람에게 많은 것들을 요구하고 있더군요. 여자 둘이 살기에 이 집은 너무 크지 않나요?"

그녀가 전과는 다르게 격양된 목소리로 울부짖듯 말했다.

"사실 바로 그것이 요즘 나와 폴의 문젯거리야. 우리에게는 너무 많은 가축이 있고, 이 집은 매일 수리할 곳을 만들어내. 정작 이곳으로 옮긴 후로 난 산책할 시간과 그림 그릴 시간이 없어. 가축을 줄여볼 생각도 했지만 폴이 동물을 너무 좋아해서 그럴 수 없었지. 그녀는 오히려 이 산장을 증축하려는 계획을 가지고 있어."

"불교 신자인 폴에게도 버리는 것은 쉽지 않은가봐요."

"사실 그녀는 아픈 과거를 가지고 있어. 그녀가 태어난 곳은 모로코였어. 어머니는 그녀에게 늘 심한 매질을 했지. 열네 살 정도 되었을 때 그녀는 어머니에게서 도망쳐 무작정 스페인으로 와 일을 하기 시작했지. 하지만 경찰에 붙들려 소년원에 가야 했고, 그곳에서 생활하다가 18세가 되었을 때 돈을 받아서 그곳을 나왔지. 그녀가 그동안 일한 것에 비하면 너무 적은 돈이었지만 소년원을 나갈 수 있다면 돈은 상관없었지.

그리고 한 남자를 만났어. 19살에 아이를 가졌고, 그 남자와 결혼했지만 15년 전쯤 그 사람과 이혼했고, 9년 전 나를 만났어. 우린 서로 사랑에 빠졌고 이곳에 집을 사서 함께 살기 시작했어. 그녀는 5년 전 존재도 모르던 여동생 프랑수아를 찾게 되었고, 지금은 돌아가셨지만 그녀의 아버지에 대해서도 알게 되었지.

그런데 3년 전 어느 날, 그녀의 어머니가 찾아왔어. 나이 들고 가난한 그녀는 딸의 집에서 머물길 바랐지. 14세에 집을 나온 이후로 잊었던 어머니와의 재회에 폴은 괴로워했어. 주변 사람들은 한결같이 그 어머니를 욕했고, 폴에게 그녀를 부양하지 않길 권했지. 하지만 폴은 어머니를 자신의 곁에 두길 원했어.

그렇지만 어머니와 한집에 사는 것은 너무 큰 고통이어서 그녀는 어머니를 근처 양로원에 보냈지. 갈 필요 없다는 주위 사람들의 충고를 뒤로 하고 그녀는 매주 양로원을 찾아가지만, 그녀가 어머니를 보고 집에 온 날은 발작과 같은 증세를 보이며 괴로워하지. 폴은 그렇게 상처가 많은 여자야. 그래서 그런지 그녀는 자신의 어머니와는 다르게 무엇인가를 가지려 하고, 자식들에게 무엇인가 남겨주려 하지."

난 더 이상 말할 수 없었다. 종교를 들먹이며 버리지 못하는 그녀를 나무라기에는 그녀가 가진 상처가 감히 상상하지 못할 만큼 깊어 짧게나마 그녀의 상처를 엿본 것만으로도 난 그저 슬펐다.

어쩌면 그녀는 그동안 종교를 통해 성장기에 겪어야 했던 아픈 상처를 어루만졌고, 오랜 신앙생활을 통해 거의 치유되었음을 느끼고 있었는지 모른다.

하지만 오늘, 어머니와의 재회를 강하게 거부하는 자신의 마음과 용서, 화해를 말하는 종교 사이에서 어느 쪽이 자신의 모습인지 모른다는 것이 그녀를 더욱 고통스럽게 하는 것은 아닐까?

'할머니를 위한 집' 설계··· 10월 9일

메릭 클레어는 함께 산장에서 겨울을 나길 바랐지만 일주일 정도 머물렀을 때 그녀의 집을 떠나 폴구스의 집이 있는 엔젤(Anger)이란 도시를 향해 히치하이킹을 시작하였다(그대여, 폴구스를 기억하는가···. 모로코에서 마지막 일주일을 함께 여행하며 기타를 연주하고 그림을 그려주었던 친구). 운이 좋았는지 단번에 엔젤 근처까지 6시간을 연이어 달릴 수 있었다. 하지만 그날 그의 집에 도착할 순 없었고, 대형 슈퍼마켓 지붕 아래를 찾아 들어가 하룻밤을 보내야 했다.

2주 전쯤 기차역에서 만난 미국 여행자들과 밥을 지어 점심을 함께한 일이 있었는데, 그들과 작별의 인사를 하고 기차에 올라탔을 때 그중 한 명이 뛰어 들어와 침낭용 보온 덮개를 주며 말했다.

"우리보다는 너에게 더 필요할 것 같아서. 점심에 대한 보답이야!"

그렇게 받았던 선물을 오늘에서야 처음으로 사용하게 되었다. 얇은 막인데도 침낭 위에 덮으니 체온을 쉽게 유지할 수 있었다.

새벽 3시쯤 잠에서 깨었다. 차가운 빗줄기가 밤새도록 이어지고 있었다. 볼펜과 노트를 꺼내 그동안 머릿속에서 그려오던 '할머니를 위한 집'의 설계도를 그리기 시작하였다. 집이 사람을 소유하지 않아야 한다는 기본적인 생각이 함께했다. 볼펜이 쉬지 않고 노트에 다섯 번째 장을 가득 채웠을 때 날이 밝아오기 시작하였다. 건축과 초년생이 그린 대단할 것도 없는 작은 집이었다. 이 집이 정말 할머니를 위해 지어질 가능성도 희박했다. 하지만 난 그날 아침 그 작은 집의 도면을 가지고 그저 풋풋하게 행복했다.

환경이 인간의 사고를 강요하는 힘

여행을 하며 많은 사람들의 집에 머물렀다. 그들의 집에서 함께 생활하며 집이라는 환경과 삶의 방식의 상호 작용을 유심히 관찰하였다. 놀라운 것은 그들에게 집이란 삶의 방식에 따라, 혹은 그 변화에 따라 모습을 달리하기엔 너무 덩치 큰 거인과 같아서 대부분의 사람들이 집을 변화시키는 쪽보다 삶의 방식을 집에 맞추는 쪽을 택한다는 것이다. 그러다가 그 한계가 찾아오면 어쩔 수 없이 그 집을 떠나 새로운 집을 찾는 것이다. 더욱 놀라운 것은 이미 자신의 삶이 집이라는 감옥에 갇혀 꼼짝 못하고 있는데도 늘 문제의 해답을 외부에서 찾으려 한다는 것이다.

집이라는 환경이 인간의 사고를 강요하는 힘을 간과한 것이다.

다시 만난 나의 친구, 폴구스··· 10월 10일~12일

날이 밝아 버스를 타고 폴구스의 집에 도착했다. 그의 집에서 머물렀던 3일간 많은 비가 내렸다. 시내가 내려다보이는 그의 방 창문에서 생각의 조각들을 정리하고 여독을 풀 수 있었다.

나에게 여행이란?
거리에서 뒤척인 지난밤을 털고 일어나
오늘은 누군가와 벽난로 옆 식탁에 마주앉는 뜻밖의 만남이다.
무거운 그림자 같은 외로움을 지고
무언가에 답해보는 당당한 고독이다.
여행은 떠남을 과용하지 않는 순간순간의 정착이며,
끝내는 다시 집을 향해 떠남으로 완성되는 귀향이다.

나에게 여행은
떠나는 일이 아닌 나에게 돌아오는 일이다.

오! 몽생미셸… 10월 12일 ~13일

폴구스의 집을 떠나 몽생미셸(Montsaint michel)을 보기 위해 프랑스 북부 작은 마을에 왔고, 이틀 동안 그곳에 묵으면서 섬 위에 지어진 신비로운 마을을 스케치하였다.

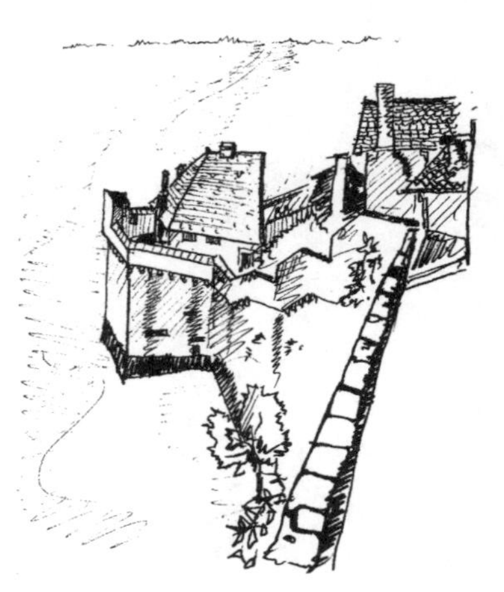

몽생미셸
　유네스코에서 정한 세계문화유산
이자 세계 8대 불가사의 건축물. 13
세기에 이곳에 세워진 수도원은 지
금도 본래의 모습을 그대로 간직하
고 있어, 마치 섬 전체가 중세의 성
처럼 보인다.

  몽생미셸과의 만남을 뒤고 하고 파리를 향하는 열차를 타고 메릭 클로드의 집에 도착할 수 있었다. 메릭 클로드는 일주일 전 묵었던 메릭 클레어의 여동생이었고, 돔프낙을 떠나기 전 그녀가 파리에 살고 있는 여동생을 소개시켜주었기에 난 이곳에서 정원을 가꾸는 일을 도와주며 4일을 묵을 수 있었다.

심리 상담가, 메릭 클로드

  메릭 클로드는 심리 상담가로 일하고 있는 아주머니였다. 그녀와 이야기하며 심리 상담가가 어떻게 사람들을 도와주고 치유해줄 수 있는지에 대해 인상 깊게 들었다.
  "아주머니도 때로는 그들이 사는 환경, 그러니까 집 같은 환경과 관련지어 문제를 찾기도 하시나요?"
  난 모든 사고의 힘이 환경으로부터 유발된다는 생각을 가지고 있었지만 그녀에게는 돌려서 물어볼 수밖에 없었다.
  "음, 글쎄⋯. 그들이 사는 집의 구조에 대해 물어본 적은 없어. 내가 하는 일은 그들의 말을 주의 깊게 듣고 그들의 문제를 해결해줄 수 있는 다양한 방법들을 일러주는 거야. 예를 들어 그들의 문젯거리들을 종이에 적은 뒤에 그 종이를 불에 태워버리면서 강한 해방감을 느끼게 해주는 식이지⋯."

우리의 마음에 어떤 문제가 있다면 정말 그런 식의 방법들을 통해 치유될 수 있는 것일까? 그래서 다시는 비슷한 경우에 문제가 재발하지 않게 되는 것일까? 혹여 다시 문제가 생기더라도 다른 종이에 적어 태워버리면 불안을 다시 내일로 미룰 수 있게 되는 것일까?

파리의 석공, 호반

메릭 클로드의 집에서 머물던 둘째 날 밤, 그녀의 아들 호반을 만날 수 있었다. 호반에 대해서는 이미 메릭 클레어로부터 많은 이야기를 들었고, 그때부터 한번 만나보고 싶은 남자였다. 호반은 석공이었다. 도시 전체에 아름다운 석조 건물들이 많은 파리에서 호반은 자신의 소중한 기술을 마음껏 펼치고 있었다.

우리는 첫 만남부터 서로를 알아보았다. 내가 물었다.

"석공이라고 들었어요."

"건축을 공부하신다고요?"

우리는 그렇게 첫인사를 하고 바로 서로가 기다리던 화제로 들어갈 수 있었다. 난 석공들의 설계도 읽는 법을 배우기 시작했고, 자연스럽게 하나의 성당이 지어지기 위해서 얼마나 많은 석공들이 얼마나 오랫동안 그들의 정교함과 인내력을 건축물에 쏟아내야 하는지 이해할 수 있었다.

유럽의 건축물, 특히 석탑이 웅장한 성당에 들어가 보면 누구나 그 장엄함과 아름다움에 감탄을 한다. 하지만 그 감탄이 작은 오차도 용납하지 않고 설계자의 의도에 따라 오랜 시간 동안 돌을 다듬어 무늬를 넣어야 했을 석공에게까지 미치지 못하고 발길을 돌리는 일이 대부분이다.

호반을 만난 후부터 나는 성당에 갈 기회가 있을 때 작은 틈 하나 없이 천장에 아치를 이루고 있는 석공들의 돌들에게도 눈길과 감탄을 아끼지 않는다.

❡ 건축은 다른 예술과 달리 강한 현실성을 지니지만,
　석공과 목수가 없다면 건축 그 자체도 추상적인 공상에 불과하다.

사크레 쾨르 성당(Basilique du Sacrè-Coeur)
파리 몽마르트 언덕 위에 로마노-비잔틴 양식으로 지어진 성당(1875 ~ 1914).
예술가들의 언덕이라 불리는 몽마르트 언덕에서 나도 수첩과 볼펜을 꺼내들었다.

석공이 된 천재

어느 날, 메릭 클로드에게 호반에 대해서 말했다.

"저는 호반과 같은 직업을 가진 사람들을 존경합니다. 묵묵히 실제로 무언가를 만들어내는 사람들 말이에요. 저도 나중에 자식이 생긴다면 정말 필요한 기술들을 소홀히 하지 않고 가르쳐야겠어요. 요리하는 법이나 춤추는 법, 나무 의자를 고치는 법과 같은 기술들 말이에요."

"잭, 그런데 너는 한 가지 중요한 사실을 간과하고 있어. 너의 자식이 그 모두를 배우기 싫어할지 모른다는 사실. 자식을 내 방식대로 좌지우지할 수 있다는 생각은 위험한 거야. 어린 시절에 호반은 천재에 속하는 아이였어. 이미 상급 과정의 모든 것들을 이해했지. 학교 측에서는 진지하게 특수학교로 진학해서 공부할 것을 제안했어. 하지만 난 아이를 그곳에 보내지 않았지. 늘 다른 아이들과 똑같이 키웠어. 그때 호반이 특수학교에 갔다면 지금 무엇이 되었을지는 아무도 모르지만, 그는 지금 석공으로서 무척 행복해. 자식이 행복하다면 부모로서 더 바랄 게 없는 것이지."

그녀의 말을 듣고 난 한 가지 결심을 하였다.

내가 자식을 갖게 되는 날이 있다면,

그때는 내가 자식을 어떻게 길러야 할지 생각이 정리된 때가 아닌,

자식을 하나의 소유물처럼 여기지 않을 준비가 된 날일 것이라고….

사랑을 찾아 파리로 온 남자, 맥시밀리아노…

10월 17일~22일

첫날(10월 17일)

메릭 클로드의 집을 떠나 파리 시내를 좀 더 둘러보기 위해 시내 중심가에 있는 호스텔로 자리를 옮겼다. 다시 가난한 여행자로 돌아간 첫날. 펜과 수첩, 삶은 감자 다섯 개를 가방에 챙겨 넣고 도시를 스케치하러 다녔다. 늦은 저녁 다시 방에 돌아왔을 때 남자 한 명이 옆 침대에 누워있었다. 그에게 물었다.

"안녕? 어느 나라에서 왔지?"

"I no! speak! english!(나! 영어! 못 해!)"

그가 신경질적으로 대답했다. 그는 영어를 잘 못하는 듯싶었고, 이곳에 방을 잡을 때 영어를 못하는 여행자들에게 불친절하게 대하는 카운터 직원과 이미 한 차례 곤혹을 겪은 것이 분명해 보였다. 한창 배가 고팠던 나는 그와의 대화를 빨리 마치고 식당으로 가 어제 해놓은 볶음밥을 먹고 싶었다.

"그래 알았어. 그래도 어느 나라에서 왔는지는 말할 수 있겠지?"

"아르헨티나…."

"그럼 스페인어는 할 수 있겠군. 난 지금 밥 먹으러 가려는데 너도 같이 먹으러 갈래?"

이번엔 내가 스페인어로 물었다. 사실 이 말을 할 때 내심 그가 괜찮다고 말해주길 기대했다. 누군가를 위해 새로 밥을 짓기엔 너무 배가 고팠기 때문이다. 하지만 그는 동양인의 어설픈 스페인어에 놀랐는지, 밥을 먹는다는 말에 놀랐는지 자리에서 벌떡 일어났다.

"얼마지?"

"얼마냐고? 이건 공짜야. 내 재료로 내가 요리할 거거든."

그는 공짜라는 말이 이해가 안 가는지 계속 값을 물어보았으나, 난 그가 배고프다고 믿고 그를 데리고 식당으로 가 볶음밥을 해서 나누어 먹었다. 내가 준 음식을 쌀 한톨 남기지 않고 그가 다 먹었을 때 우린 영어와 스페인어를 섞어가면서 어렵게 대화를 시작하였다.

그의 사정은 이랬다. 아르헨티나에서 돈 200달러만 손에 쥐고 오늘 프랑스로 날아왔다. 아르헨티나에서 단지 4일 동안 만나 사랑에 빠졌던 여자를 다시 만나기 위해서였다. 그녀는 그의 여자 친구도 아니었다. 프랑스에 와보니 그녀는 이미 남자 친구가 있는 상태였다. 하지만 그는 남자 친구가 아니더라도 그녀 곁에 함께 있고 싶었고, 그러기 위해 이곳에서 일자리를 구해야 했다. 단순히 일자리를 위해서라면 스페인어를 할 줄 아는 그에게 스페인이 가장 쉽겠지만 그에게는 그녀와 함께하는 것이 우선이다. 그녀로부터 4일 후에 만나줄 수 있다는 연락이 왔고, 그 전까지 일자리를 찾는 일에 시간을 보낼 계획이었다.

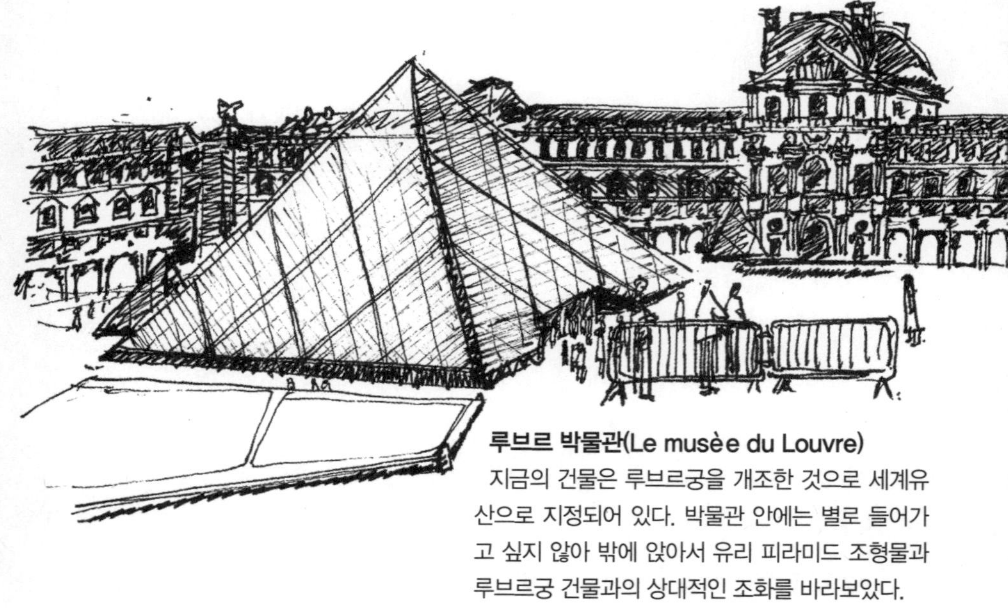

루브르 박물관(Le musèe du Louvre)
지금의 건물은 루브르궁을 개조한 것으로 세계유
산으로 지정되어 있다. 박물관 안에는 별로 들어가
고 싶지 않아 밖에 앉아서 유리 피라미드 조형물과
루브르궁 건물과의 상대적인 조화를 바라보았다.

둘째 날(10월 18일)

아침 일찍 숙소를 나와 도시를 스케치하고 다시 고픈 배를 가지고
저녁 늦게 방으로 들어왔을 때 그가 나를 기다리고 있었다. 그 역시
하루 종일 일자리를 알아보며 돌아다닌 후였다. 그와 함께 시장에 가
서 재료를 산 후, 이번에는 그가 요리를 하였다. 재료들을 싼값에 사
서 푸짐한 파스타를 먹을 수 있었다.

셋째 날(10월 19일)

우린 아침 일찍 일어나 가방을 챙겨 지하철역으로 향했다. 호스텔을 옮기기 위해서였다. 그렇게 호스텔을 옮기고 나서는 그의 일자리 구하는 것을 도와주었다. 영어와 프랑스어를 못하는 그를 위해 통역을 해주면서 남아메리카 음식 전문점을 중심으로 프랑스 골목골목을 걸어 다녔다. 아침 식사를 무료로 제공하는 호스텔을 최대한 이용하기 위해 우리는 마치 저녁식사 같은 아침식사를 했다. 보통 사람이면 시리얼과 빵 한두 조각으로 무료 아침 식사를 끝냈겠지만 시리얼, 5~6조각의 빵과 요구르트 2개, 코코아를 먹었고 또 그만큼의 양을 점심을 위해 가방에 숨겨 넣고 나왔다. 주방이 없는 호스텔이었기에 저녁은 재료를 사와 방 안에서 내 버너로 요리해 먹었다. 정말 아끼고 아끼는 식단이었다.

판테온(Panthèon)
루이 15세가 성녀 즈느비에브에게 헌정한 건물로, 18세기 말에 완공됐다. 성당/사원의 용도로 쓰임.

에펠 탑(La Tour Eiffel)

1889년 프랑스 혁명 100주년 기념 박람회 계획의 일환으로 건축가인 귀스타브 에펠의 설계로 건축된 기념물이다.

넷째 날(10월 20일)

우린 오전 동안 일자리를 알아본 후 오후에 잠시 시간을 내서 에펠탑 광장에 누웠다. 높이 솟은 에펠탑과 함께 사진을 찍기 위해 힘들게 사진기의 각도를 재는 많은 사람들과 달리, 바람은 철재 구조물을 아랑곳하지 않고 그 사이를 무심히 지나가고 있었다. 그 바람을 덮고 가을 햇살을 베고 누우니 무엇이 우리의 걱정이었는가를 잠시 잊은 듯했다.

다섯째 날(10월 21일)

오늘은 그에게 중요한 날이다. 드디어 그녀를 만나는 날이기 때문이다. 그는 아침을 든든하게 먹고 짐을 챙겨 들고 나왔다. 우리는 거리를 걷기 시작했다. 그녀를 만나기 한 시간 전이었다. 우리가 헤어지기 한 시간 전이기도 했다. 나는 다시 만나자는 말이 왠지 허무한 작별 인사인 것 같아 이렇게 말했다.

"아마 몇 년 후에 남아메리카에 갈 거야. 그때 아르헨티나도 갈 수 있겠지."

"그땐 내 집이 네 집이다."

그와 그렇게 지하철역에서 헤어지고 나서 허전한 마음으로 혼자 파리 시내를 걸었다. 저녁 무렵 숙소에 돌아왔을 때 그가 있던 자리에 호주에서 온 다른 여행자가 누워 있었다. 그는 아름다운 파리의 박물관, 건물, 여인에 대하여 장황하게 이야기하기 시작했고, 내가 유난히 듣기만 하고 있다는 것을 뒤늦게 눈치 채고는 나의 동의를 구할 의도로 파리에 대한 나의 생각을 물었다. 난 파리의 아름다움을 말하는 대신 엉뚱하게 다른 말을 하기 시작했다.

"네가 있는 그 자리에 어제까지 한 남자가 머물고 있었어. 그는 아르헨티나에서 온 남자로, 난 그가 일자리를 구하는 것을 도와주었지. 늦은 밤 그날 마지막으로 들렀던 레스토랑 주인에게 여느 때와 같이 거절의 말을 듣고 우린 골목으로 들어가 앉아 토마토 통조림을 빵에 발라 나누어 먹었어. 그는 담배를 말아 불을 붙이더군…. 그때 내가 말했지. '처음에 내가 본 파리는 행복이 가득한 관광의 도시였지만 파리 외곽의 골목골목을 다녀본 지금, 내가 바라보는 이 도시는 삶을 변화시키기 위해 타국 땅에서 일을 찾아 온 사람들이 힘든 하루살이를 하고 있는 도시이기도 하다' 라고 말이야.

그러자 그가 말했어. '난 내 삶을 변화시키고 싶지 않아. 난 내 고향에 좋은 가족이 있고 좋은 음식과 좋은 친구들이 있어. 좋은 직장도 있었어. 난 이곳에 단지 내 삶에 사랑을 더하기 위해 왔어. 난 그녀도 아직 날 사랑하고 있다고 생각해. 난 그녀의 진심을 알아야겠어. 그녀의 진심을 알아야 해…. 그녀의 진심…. 그녀의 진심….' 슬픈 담배 연기가 진심을 알아야겠다는 그의 한숨 섞인 말과 함께 어둠 속으로 쓸쓸히 사라졌지. 그의 짙푸른 눈이 그리움으로, 어쩌면 그 진실이란 것에 대한 알 수 없는 두려움으로 글썽이고 있었어…."

나의 파리에는 한 여인을 바보같이 사랑하는 한 남자가 있다.

방돔광장

 프랑스 파리의 제1구(arrondissement)에 위치한 광장. 주변에 고풍스런 건물들이 커튼을 치듯 둘러싸고 있는 팔각형 모양이다. 전승기념을 위해 나폴레옹이 세운 원기둥이 있으며, 유명한 명품가게와 보석상 등이 모여있는 쇼핑의 명소다.

그랜드 아치(Grand Arche)

　1989년에 완공, 덴마크 건축가 Johann Otto von Spreckelsen의 작품. 루브르부터 개선문을 지나 샹젤리제를 통과하는 축의 끝에 위치해 있다. 단조로운 네모난 콘크리트 구조물 안에 바람처럼 자유로운 막구조가 매달려 있었다. 건물 앞 계단을 올라가 건물을 등지고 바람을 향해 앉았다.

퐁피두(G. 퐁피두) 센터

1977년 건립. 설비 배관을 과감하게
건물 전면으로 노출시키고 건물 내부는
더욱 공간효율을 높였다.

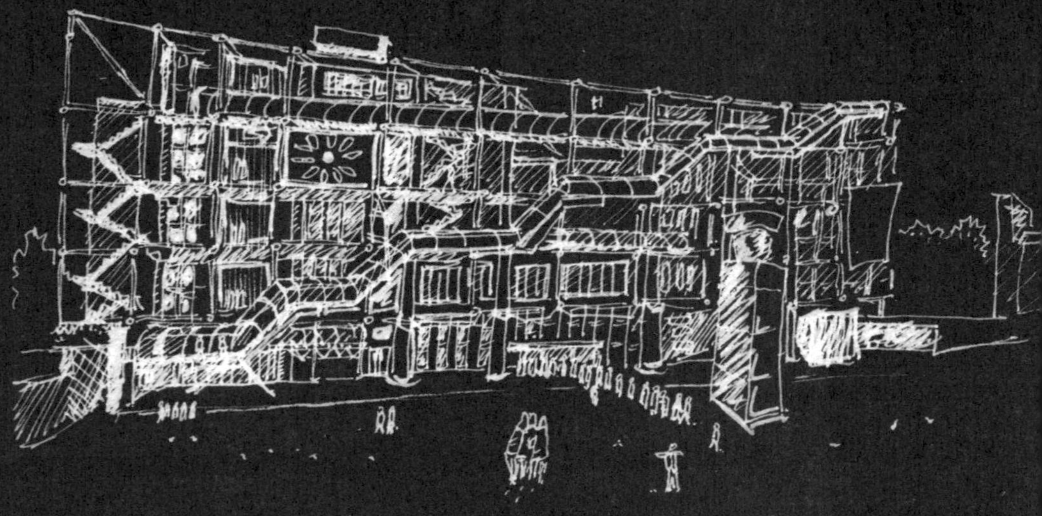

노트르담 대성당(Cathédrale Notre-Dame de Paris)

1163년 주교 M. 쉴리의 지휘 아래 착공, 18세기 초엽 측면 제실(祭室)의 증설로 오늘날의 모습을 갖추게 되었다. 고딕양식.

ENGLAND

겨울 빗속의 도보여행
커피포트로 요리하는 법
마마의 죽음
나는 아프가니스탄 사람입니다
LONDON
FOLKESTONE
EXTER

겨울 빗속의 도보여행... 10월 22일~11월 3일

맥시밀리아노와 헤어지고 하루 후, 나도 영국으로 향하는 배에 올랐다. 런던에 도착해서 그곳으로부터 차로 3시간 거리에 있는 도시 엑스터(Exter)에서 유학하고 있는 한국인 친구 준용이에게 전화를 걸었다. 그는 기다렸다는 듯 반갑게 전화를 받았고, 그렇게 친구의 자취방에서 5일을 머무를 수 있었다.

그곳에 머무는 동안 봉사활동 자리를 구하려고 시도해보았지만 여

의치 않았다. 그들이 말하듯 세계에서 가장 발전된 복지 시스템을 가진 국가라서인지 내가 굳이 도와주어야 할 사람도 적은 듯했고, 또 이미 남을 돕고 싶어 하는 많은 사람들이 대기자 명단을 가득 채우고 있었다.

그렇다고 여러 도시와 건축물들을 둘러보는 것에도 전처럼 큰 흥미를 느끼지 못하고 있었다. 여행을 계속할수록 새로운 것에 대한 관심은 줄어들고 내 안에서 보이기 시작하는 알 수 없는 무언가에 대한 궁금증만 간절해지는 듯 보였다.

그래서 걷기 시작하였다. 엑스터부터 런던까지 10일 정도면 걸을 수 있을 것 같았다. 여행을 하며 늘 하는 일이 걷는 일이었지만 정작 도보 여행을 해본 적은 없었다. 친구의 걱정스런 배웅을 뒤로 하고 동쪽을 향해 걷기 시작했다.

겨울 초입의 쌀쌀한 바람과 매일 계속되는 빗줄기는 예상보다 여행을 더욱 고단하게 하였다. 숙박업을 겸하고 있는 길가의 바에서 몸을 누이며 이동을 계속했다. 비에 젖은 생쥐 꼴을 하고 작은 마을 바에 들어가면 늘 나이 지긋한 할아버지들이 나를 벽난로 근처에 앉히고 맥주를 샀다. 그 할아버지들과 골프와 축구에 대해, 영국과 프랑스에 대해, 북한과 세계 평화에 대해 끝없는 이야기를 하였다. 하지만 바 2층에 있는 숙소에는 주방이 없었기에 방 안의 커피포트를 이용해 간단한 음식을 만들어 먹어야 했다.

EXTER.
ENGLAND.

초겨울 차가운 바람이 비에 젖어 축축한 신발을 얼음장처럼 만들고 30킬로그램의 배낭은 어깨를 뻐근하게 조여 왔다. 하루에 두 끼 콩 통조림을 먹어가며 4일을 걷고 나서부터 몸에 축적된 피로들이 말썽을 부리기 시작했다. 눈꺼풀 속에 염증들이 생겼고 입 안 여기저기가 헐어버렸다. 그렇다고 도보여행을 시작한 목적인 나를 향한 물음을 게을리할 수 없었기에 밤이면 다시 촛불을 켜고 앉아 나를 맞았다.

도보 여행 6일째 늦은 오후, 쏟아지는 우박을 피해 어느 작은 버스 정거장 지붕 아래 홀로 앉았을 때 더 이상 걷기 힘들다는 것을 절감했고, 7일째 되던 날 어느 숙소에 자리를 잡았다.

가려던 길에 반을 못 미친 여행이었지만, 나를 향해서는 한 걸음 더 걸어갈 수 있었던 여행이었다.

커피포트로 요리하는 법

1. 밥

쌀을 씻고 커피포트에 붓는다. 물을 적당히 넣고 끓이기 시작한다. 물이 끓고 식기를 대여섯 차례 반복한 뒤 5분 정도 뜸을 들이면 포트 안에 맛있는(?) 밥이 완성된다(하지만 밥을 먹고 난 뒤 열선 위에 붙은 밥알 청소가 만만치 않음…).

2. 통조림

커피포트에 들어갈 만한 적당한 크기의 통조림을 사서 통째로 커피포트 안에 넣고 10분 정도 삶은 후 꺼내 뚜껑을 따서 먹는다(뜨거우니 손이 데지 않도록 주의).

3. 계란, 감자

통째로 넣어서 삶아 먹는다.

4. 컵라면

물 부어 먹는다.

To Jack.

I'm fine··· I was thinking today about you When do you want to visit me in The Netherlands(holland)?

Ow! Sorry. I have bad news for you. Dups, the woman whom you stayed with in Walmer Town ship, died··· She was Sick and a Dutch student brought her here last week to the hospital where she dead the next morning.

Sorry, I heard this news from Prof. It was a beautiful ceremony at a church.

See you soon, my friend.
RIk.

남아프리카에서 컴퓨터를 함께 가르치던 친구 릭에게서 이메일을 받았을 때, 난 즐거운 마음으로 읽기 시작했으나 끝까지 입가에 웃음을 유지할 수 없었다.

아프리카에서 컴퓨터를 가르치는 동안 한집에 같이 살며 나에게 요리를 해주고 늘 안전을 걱정해주던 마마(내가 그녀를 부르던 호칭)가 지난주에 죽었다는 소식이었다.

　이 소식을 들었던 그날, 창밖에는 하루 종일 쓸쓸한 겨울비가 내리고 있었고, 난 그 작은 방 좁은 창가를 하염없이 헤맸다. 창밖에서 걸음을 재촉하는 사람들을 길 잃은 아이처럼 바라보다가 그들 중 아무나 붙잡고 말하고 싶었다.
　지난주 아프리카 땅 가난한 마을에서 아직 죽기엔 이른 어느 여인이 병을 키워오다가 그만 죽어버렸다고….

런던으로 와서 외곽 지역에 싼 숙소를 잡았다. 작은 규모의 호스텔은 묵고 있는 사람들을 쉽게 친구로 만들어주었다. 운전기사이자 예술가인 이탈리아에서 온 발렌티노, 능력 있는 매니저 브라질리안 조아오, 말레이시아 청년 크리스 등 많은 친구들과 함께 요리하고 이야기하고 런던을 둘러보았다. 그들 중에서 나와 가장 많이 대화하고 소중한 일주일을 함께한 친구 나실을 소개한다. 처음에 그를 부엌에서 봤을 때 어느 나라에서 왔느냐는 나의 질문에 그가 대답했다.

"난 아프가니스탄 사람이야."

여행하며 아프가니스탄인은 처음이었다. 그와 계속 이야기할수록 점점 더 그에 대해서 알아갔고, 4일째 되던 날 그가 어떻게 지금 독일인 국적으로 살고 있는지에 대하여 들을 수 있었다.

"아프가니스탄의 대학에서 의학과 러시아어를 배웠지. 학교에서는 전기도 없이 초를 켜고 공부했고, 매일 러시아와의 교전으로 총성이 울렸어. 졸업 후 의사로 일 년을 일한 뒤 나 또한 군대에 가야 했지. 많은 아프가니스탄 젊은이들이 전쟁으로 죽어가고 있었고, 나 또한 두려웠지만 입영소를 향해 길을 나섰지. 입영소로 향하는 길에 군대에 있는 친구 한 명을 만났는데 그 친구는 간밤의 치열했던 전투에 대해 말해주었어. '오면 죽어, 다시 생각해.' 그 친구는 내게 단단히 충고했지만 군대는 내가 싫다고 안 갈 수 있는 곳이 아니었어. 결국 망명을 결심했지. 그래서 형과 파키스탄으로 도망갈 계획을 세웠고

아버지께 말씀드렸어. 그날 밤 아버지는 재회를 기약할 수 없는 아들들과의 이별에 대한 깊은 슬픔으로 침묵하셨고, 잠시 후 모아둔 돈을 챙겨주셨어. 자식들이 모두 살 길을 찾아 그의 곁을 떠나고 있었지.

　길을 떠난 지 얼마 되지 않아 도시의 경계에서 러시아 군인에게 허무하게 잡혀버렸어. 그가 날카로운 눈으로 우리를 취조할 때 우린 절망했지. 그런데 그때 근처에서 총소리가 났고 교전이 시작되었지. 혼란한 그 틈을 이용해 우리 형제는 그곳을 도망쳐 산속으로 들어갔어. 어두운 밤 산 중턱에서 길을 잃었고, 그것은 곧 죽음을 의미했어. 산 전체가 지뢰밭이기 때문이었지. 발을 헛디뎌 언덕을 굴러 떨어졌을 때 난 죽었다고 생각했지만, 기적처럼 지뢰를 밟지 않고 살아남았어. 당나귀 모포를 구해 몸에 둘러싸고 무섭도록 추운 밤을 보내고 일어나, 다음날 산을 넘어 파키스탄으로 왔어. 그곳에서 신분증을 위조하는 사람을 만나 파키스탄 신분증을 만들었지. 그 신분증을 가지고 투르크메니스탄으로 비행기를 타고 갔어. 그곳에서 우리와 같은 처지에 있는 아프가니스탄에서 온 한 가족을 만났고, 우리는 함께 러시아 모스크바로 향하는 기차에 올라탔어. 3박 4일간의 이동이 시작되었지만 기차표도 신분증도 없는 우리는 매일 밤 찾아오는 검표원에게 온 신경을 곤두세워야 했지. 깊은 잠에 빠진 것처럼 누워 꼼짝도 하지 않으면 그들이 날 흔들어 깨웠고, 그때마다 내 인생도 함께 아찔하게 흔들렸지. 그가 결국 깨우기를 포기하고 다른 사람에게 갈 때마다 다시 하루만큼의 이동을 보장받았어. 모스크바에 도착해 러시아 위조 신분증과 독일로 우리를 이동시켜줄 사람을 구하는 데 가지고 있는 모든 돈을 지불했어. 엄청난 금액이었지. 하지만 그 상황에서 우리에게 얼마인가는 중요하지 않았고, 누구보다 그 사실을 그들이 잘 알고 있었지. 독일로 가는 기차에서 그는 우리를 짐칸의 작은 방 안에 넣고 밖에서 문을 잠갔어. 그 좁은 방에서 우리는 서로를 껴안고 앉아 있었지. 드디어 경찰이 들어와 검문을 시작했을 때는 이미 아이에게 숨소리도 죽여야 한다는 것을 단단히 일러둔 후였지. 경찰이 몽둥이로 우리 방을 탕탕 때리며 승무원에게 안에 무엇이 있냐고 물었고, 우리 돈을 받은 그는 아무것도 없는 빈 방이라고 말했어. 경찰이 의심쩍은 침묵을 남기고 떠났고, 우린 러시아 국경까지 도착할 수 있었지. 그 국경을 넘는 것이 우리의 마지막 관문이었어. 위조 러시아 신분증을 가지고 출국 심사대에 섰을 때 심사원이 말했어.

'어디에서 왔소?'

'당연히 러시아에서 왔죠. 그게 내 신분증이오.'

'당신은 러시아인이 아닌데!'

'난 러시아인이고 남쪽 지방에서 와서 억양이 다를 뿐이오!'

'흠….'

이 모든 여정에 마침표를 찍듯 출국 허가 도장이 꽝! 찍혔고, 돌아와 기차에 올라탔을 때, 우리가 아프가니스탄인임을 미리 알고 있던 사람들이 말없이 우리 손을 꼭 잡아주었지. 독일에 도착해 입국 심사대에서 어떻게 이곳에 왔는지 솔직하게 말했지. 그렇게 우린 독일 국적과 독일인과 똑같은 권리를 얻었어. 난 의사였지만 그들은 내가 의사였음을 증명할 어떤 서류도 찾을 수 없다며 의사 자격증을 주지 않았고, 대신 대학에서 의학을 공부하는 것을 허락해주었어. 난 그렇게 좀 더 공부하고 나면 다시 의사로서 일할 수 있을 것이라 생각했지만, 뜻밖에 그 다음 나를 찾아온 것은 지독한 향수병이었어. 누구라도 한 나라에서 태어나 그 나라에서 10년 이상을 살았다면 그 사람은 이미 뼛속까지 그 나라 사람이 되어버려서 절대 다른 나라 사람이 될 수 없지. 의학 공부는 더디어졌고 난 조국에 대한 그리움으로 목말라 갔어. 의학을 포기하고 간호사가 되어 일하기 시작했고, 아프가니스탄의 사정이 나아진 후부터는 일 년에 한 번 정도 집을 방문했지. 2년 전 아버지가 돌아가셨을 때 슬픔은 절정에 달했지만 아버지가 없는 조국이 그 전까지의 조국과는 다른 의미로 변했고, 나의 슬픔도 점점 누그러들었어. 꼬박 10년을 슬퍼한 뒤였지. 너무… 너무도 길었어…. 그러지 말았어야 했는데… 내… 잘못이야. 그리고 일 년 전 다시 의학 공부를 시작했지. 영국에 온 이유는 영어 실력을 향상시켜 이곳에서 의사로 일할 수 있는 자격시험을 통과하기 위해서야….”

아프가니스탄에 전쟁이 있었다. 당시 한국 신문에서는 현지의 상황을 간단한 지도에 전투기 그림과 미사일 투하 지역을 까만색으로 표시해서 사람들이 상황을 이해하기 쉽도록 설명해 놓고 있었다. 그것도 매일 되풀이되자 사람들은 그만 식상해져 다음 페이지로 신문을 넘겨버리곤 했다.

🖋 이 시대에 전쟁은 정말 충분히 이해되고 있을까?

빅벤(Big Ben)

1859년 E. 베켓의 설계로 영국 국회의사당의 동쪽 끝에 있는 탑에 달린 높이 106m, 시침 길이 2.7m, 분침 길이 4.3m의 대형 탑시계를 말한다. 이제부터는 날씨가 추워져서 밖에서 그림그리기가 싫어졌다. 점점 내 스케치 속도는 빨라지고 그리는 건물 수는 줄어들고 있다.

National gallery 광장

HOLLAND

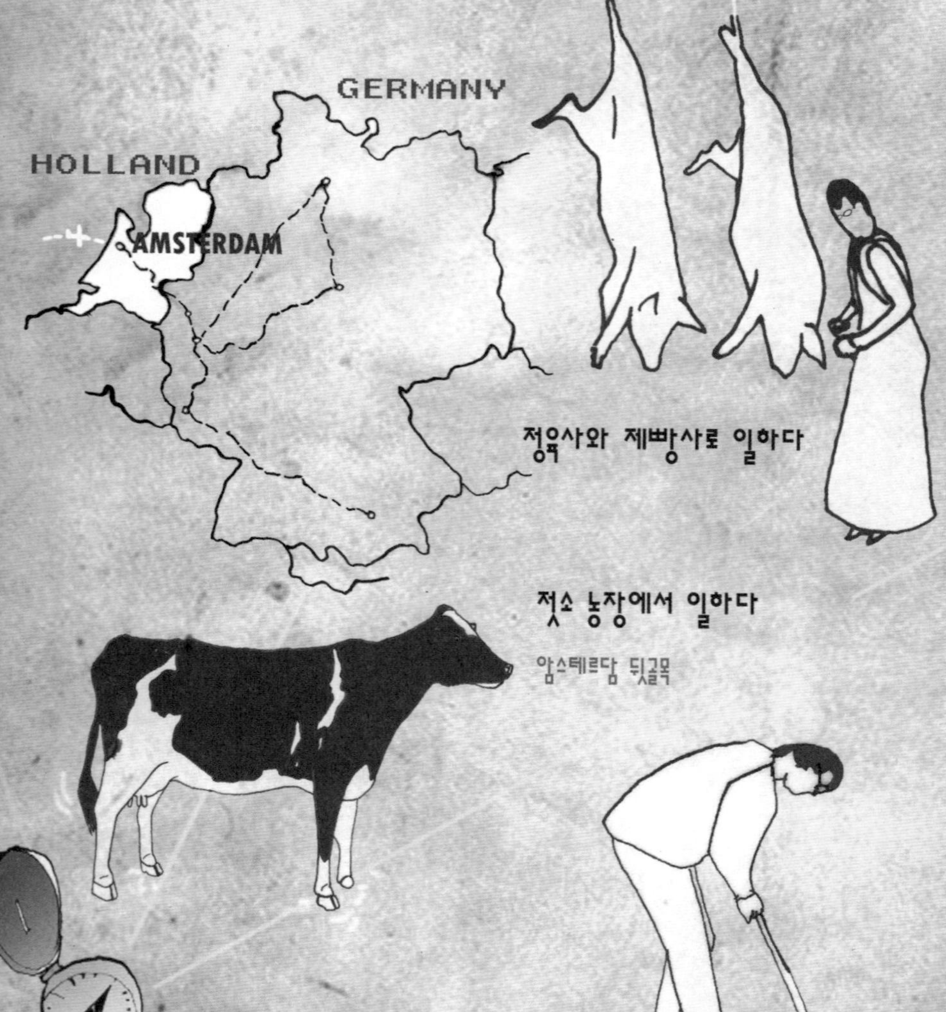

GERMANY
HOLLAND
AMSTERDAM
정육사와 제빵사로 일하다
젖소 농장에서 일하다
암스테르담 뒷골목

런던에서 네덜란드로 넘어와 암스테르담에서 1시간 거리에 있는 친구 릭의 집에서 머물렀다. 릭은 남아공에서 컴퓨터를 함께 가르쳤던 친구로, 그의 가족이 대형 슈퍼마켓을 경영하고 있어서 나는 오전 시간을 그곳에서 일하며 일주일을 지낼 수 있었다.

나의 일은 새벽 6시 출근해 정육 코너에서 고기를 썰어 나누어 담거나 제빵 코너에서 빵을 굽는 일이었다. 처음 하는 일들이라 손에 익숙하지 않았지만 일하는 분들에게 많이 배우며 많은 대화를 나눌 수 있었다.

정육 코너에는 정육점에서 30년간 일해 온 나이 지긋한 아저씨와 두 명의 젊은 친구들이 함께 일하고 있었다. 두 명 중 하나는 아저씨의 아들로, 일찍부터 아버지에게 일을 배우고 있었다. 아버지는 그런 아들을 그저 자랑스러워했다. 다른 한 명은 정육사가 되기 위한 학교에 일찍 진학하여 공부하고 있으며, 이곳에서는 시간제로 일하며 경력을 쌓고 있다. 그 어린 정육사는 자기 일에 대한 자부심이 대단했다.

근로자들의 모든 시간 관리는 뜻밖에도 나보다 조금 더 어린 로버트가 맡고 있었다. 그는 이미 이곳에서 7년간 일했고, 대형 슈퍼마켓 경영 전문 대학에 진학하여 스스로 학비를 대고 있었다.

그들을 바라보며 나의 고등학교 시절을 회상해보았다. 문학 시간, 교과서에 실려 있던 시를 읽고 곧바로 어떤 구절이 시험에 나오는지 듣고 잊지 않게 밑줄을 그어야 했다. 또래 중 누구도 정육사가 되고 싶다거나 슈퍼마켓 경영인이 되고 싶다고 말하는 친구가 없었으며, 간혹 의사나 건축가가 되고 싶은 친구들이 있다고 해도 대부분이 결국 시험 결과에 따라 진로를 결정할 터였다. 그래서 의사가 되고 싶지만 성적이 낮아 건축가가 되어야 하는 친구와 건축가가 되고 싶지만 높은 성적을 따라 의사가 되어야 하는 친구들이 대학이란 '제2의 고등학교'로 우르르 쏟아져 들어가는 것이다.

'직업에는 귀천이 없다'는 말은 한국 속담인데 자식을 둔 부모들의 입장은 꼭 그렇지도 않은가보다. 요즘같이 경제가 어려운 시대에는 '철

밥통' 직업을 가져야 한다고도 한다. 생활 물가가 비싸 살기 어렵다고도 한다. 어른들의 이런 말들에 시장에서 고기 한 근 사본 적 없는 아이들이 팽팽한 경쟁 속에서 뒤처지지 않으려 안간힘을 쓰고 있다.

그런데 아프리카에서는 많은 사람들이 철판 지붕 아래서 뜨거운 햇살을 간신히 피하고 있었고, 이곳 유럽에서는 어지간한 추위에선 집에 난방을 하지 않고 있다.

❯ 우리의 심리적 가난과 물질적 낭비의 모순된 공존 속에서
우리의 아이들은 지금 이 순간 어떤 선택을 하고 있을까?

젖소 농장에서 일하다... 11월 17일~19일

정육 코너에서 고기를 제법 척척 썰기 시작할 즈음에 릭의 집을 떠났다. 친해진 동료들과 작별하고 릭의 아버지 친구가 근처 마을에서 운영하고 있는 젖소 농장에서 3일 동안 일할 수 있었다.

이 글을 쓰는 이곳은 겨울 햇살이 가득 담긴 농가의 작은 거실이다. 오전에는 아저씨와 함께 젖소들에게 사료를 주고 축사를 청소하였고, 가족들과 점심식사를 마친 후 지금은 달콤한 휴식 시간을 즐기고 있는 중이다.

네덜란드의 작은 마을에서 일하며 가장 인상 깊었던 것은 마을 전체가 친환경 건축 이론에 바탕을 두고 섬세하게 디자인되어 있는 모습이었다. 체계적인 자전거 도로가 길 한복판을 차지하며 지나가고

수로가 많은 네덜란드의 지형적인 특성을 이용해 물길을 따라 공동 주택들이 들어섰다. 남향을 따라 유난히 건물과 좁은 간격으로 심어진 가로수들은 태양이 뜨거운 여름철 건물에 그림자를 드리울 것이다. 대형 온실을 공유하는 복합 주거 건물 안으로 들어갔을 때 그 확연한 온도 차이에 놀랐으며, 온 지붕에 태양열 집열판이 부착된 복합 주거단지와 곳곳에 설치된 풍력 발전기에서는 자연 에너지를 최대한 이용하려는 그들의 노력이 엿보였다.

마을을 둘러볼수록 나는 이 마을이 부러워지기 시작했다. 친환경 마을이 성공하기 위해서는 주민들의 친환경 건축에 대한 이해와 그에 따른 자발적인 참여가 있어야 하며, 때로는 시간이 더 걸리거나 몸을 더 움직이더라도 환경을 위해 감수하는 여유로운 마음과 생활 태도가 형성되어야 하기 때문이다. 어느 한 건축가가 좋은 계획안을 가졌다고 해서 뚝딱 지어낼 수는 없는 것이다.

암스테르담 뒷골목··· 11월 19일~21일

　농장에서 주말 동안 일한 뒤 암스테르담 시내의 한 호스텔에 자리를 잡고 3일간 도시를 구경하게 되었다.

　파리에서 루브르 박물관을 관람하지 않았던 것과 같이 난 이곳의 반 고흐 미술관을 찾지 않았다. 대신 오전 시간 대부분을 아름다운 현대식 건물의 암스테르담 도서관에서 건축 서적을 읽었으며, 오후에는 작은 건축 전시회를 찾거나 도시 골목골목을 걸어보았다.

- billiotheek 도서관에서 보이는 암스테르담 전경 -

유럽 여행 중에 누가 그 나라 도서관에 출석도장을 매일 찍겠냐마는, 나는 암스테르담에 머무는 동안에는 매일 아침 billiotheek 도서관에 와서 오전시간을 보냈다. 건물 외관의 아름다움과 내부에 평화로움은 늘 나의 발길을 이곳으로 이끌었다. 도서관 최상층에 마음에 드는 책 하나를 꺼내들고 전면창 앞 소파에 앉으면 암스테르담이 내려다 보였다. 책은 그냥 폼으로 펴들고 난 계속 창밖만 바라보았다.

GERMANY

GERMANY
HOLLAND
LUNEBERG
GOSLAR
KREFELD
KOLN
TRIER
MUNCHEN

일일 소방대원이 되다... 11월 21일~24일

암스테르담에서 드디어 독일행 기차에 올랐다. 몇 주 전, 독일 쾰른(köln)에 살고 있는 친구 스테판과의 만남을 약속했었다. 남아공에서 함께 공부하며 짧은 단편 영화를 함께 만들었던 아마추어 영화감독이자 아마추어 코미디언인 독일인 친구였다.

그의 집에서 4일을 머무는 동안 마을 근처의 여러 곳을 둘러볼 수 있었고, 그의 친구들과 즐거운 시간을 만들 수 있었다. 인상 깊었던 것은 소방서가 지역 주민들의 자원봉사로 운영되고 있다는 것이다. 규모가 너무 작은 마을이어서 모든 시설을 정부에서 지원하고 소방대원의 대부분은 지역 주민으로 구성하여 운영하고 있었다. 이들은 화재 발생시 비상 연락을 받고 소방서로 집결, 장비를 챙겨서 사고 현장으로 출동하게 된다.

엔지니어로 회사에서 일하고 있는 스테판도 바쁜 시간을 쪼개 마을 청년으로서 소방대원으로 봉사하고 있었다. 그를 따라 나도 주말에 있는 교육 훈련에 일일 소방대원으로 참가해보았다.

황금 같은 주말을 기꺼이 마을 지키는 일에 바치고 있는 건강한 사람들과 함께 일하고 나니, 난 그제야 이 마을에 대해 조금은 알 것 같았다.

"안녕! 잭. 지금 넌 독일이겠구나. 독일에 있는 내 친구에게 한 번 연락해봐. 그가 너에게 일자리를 줄 수 있을 거야."

런던에서 만났던 아프가니스탄 친구 나실(아프가니스탄에서 목숨을 걸고 독일로 넘어왔고, 지독한 향수병에 시달려야 했던 친구)로부터 이메일을 받고 스테판의 집을 떠나 독일의 고풍스러운 역사가 느껴지는 작은 도시, 고슬라(Goslar)로 향했다. 그래서 만난 나실의 친구는 마손이었다. 그는 아프가니스탄이 러시아에서 해방된 후, 주변 아랍 국가들과의 전쟁이 시작되었을 때 아내와 세 명의 자식들과 함께 긴 망명길에 올랐다. 2년간의 목숨을 건 망명길에서 살아남아 독일에 왔고, 택시 기사로 일을 시작해 이제 넉넉하게 살 수 있게 된 것은 함께 온 가족들에 대한 사랑과 책임감 덕분이었다.

도착한 첫날 저녁, 마손이 나에게 가장 먼저 보여준 것은 거실 가득한 아프가니스탄 전통 악기들과 그의 훌륭한 연주 실력이었다. 그러곤 푸짐한 아프가니스탄 전통 요리를 차려주고 아프가니스탄 TV를 보여주었다. 마치 독일 안 작은 아프가니스탄에 온 듯했다. 난 이곳에서 겨울 땔감용 나무를 전기톱으로 절단하는 일을 하며 일주일을 머물렀다.

어느 날 저녁, 그는 13년 전 자신의 결혼식 비디오를 보여주었다. 아프가니스탄에 전쟁이 일어나기 전 모두 행복한 모습이었다. 화면 안의 모든 사람들은 전쟁으로 대부분 죽거나 세계 각국으로 흩어져서 살아가고 있다고 했다. 그의 설명을 듣다가 화면에 잡힌 강인한 인상의 그의 아버지에 대해 물었을 때, 가족들을 자랑스럽게 설명하던 그는 입가의 웃음을 가시고 진지하게 이야기를 시작했다.

"나의 아버지는 10여 년 간 미국에서 공부하며 일하셨고, 아프가니스탄으로 돌아와 문화 홍보국의 높은 자리에서 일을 시작하셨어. 아프가니스탄의 상황이 안 좋아지자 난 아버지께 미국으로의 이민을 제안했지. 당시 미국으로의 이민은 어려웠지만 미국 측에서 아버지의 이민은 특별히 허락해주었기 때문이었어. 하지만 아버진 아프가니스탄에 남고 싶으셨고, 난 결국 아내와 함께 망명을 결심했지. 숨어 지내던 인도 어딘가에서 아프가니스탄으로 전화를 걸었을 때 아버지의 사망 소식을 들었어…. 폭격이 있었던 어느 날, 아버지가 심장마비로 돌아가셨다고 그러더군. 난 분명히 말했어. 미국으로 가야 한다고 그때 분명히 말했다고. 분명히…."

분명하게 말했다는 그의 목소리에는 자신의 제안을 무시했던 아버지에 대한 원망보다는 누구보다 미국으로의 이민의 길이 열려 있었는데도 불구하고 끝까지 아프가니스탄과 운명을 함께하고 싶어 했던 아버지에 대한 그리움이 담겨 있었다.

반전

✎ 세상의 모든 민족들이 자신의 분수에 만족하고 살며
각자의 문화 안에서 행복하길 기도한다.

목공소에서 일하다... 11월 30일~12월 7일

아프가니스탄 가족을 떠나 함부르크(Hamberg) 근처에 있는 역사적인 마을 루엔베르크(Luneberg)로 향했다. 남아공에서 만났던 나의 댄스 파트너 카티와의 재회가 약속되어 있었다. 마중 나온 카티를 만나 그녀의 따뜻한 보살핌 속에서 일주일을 편히 쉴 수 있을 거라 생각했지만, 카티의 남편 홀가가 목수인 것을 알고부터 호기심이 다시 나를 괴롭히기 시작했다.

평소 목재에 관심이 많았던 나는 홀가 옆에 달라붙어서 그를 귀찮게 하기 시작했다. 집 안에 놓인, 정확히 계산된 매끄러운 가구들은 모두 그의 솜씨였다. 홀가는 지난날 작업했던 현장 사진들을 조목조목 보여주며 설명했고, 나는 주의 깊게 그의 설명을 들었다.

이곳에 머무는 대부분의 시간을 홀가가 일하는 목공소에서 보냈다. 목재의 가공, 조립 과정 등을 배웠고, 목수의 작업 범위와 중요성에 대해서도 이야기하였다. 그에게 말했다.

"언젠가는 저도 나무를 다루는 기술을 배우고 싶어요."

"좋은 기술이지. 하지만 배우고 싶은 것들을 다 배우기에는 불행히도 인생이 너무 짧은 것 같아."

목공 기술이 1, 2년 배워서 터득할 수 있는 것이 아님을 알고 있는 홀가가 조용히 충고했던 것이다. 정말 내가 배우고 싶은 것들을 다 하기에는 내 인생이 그렇게 짧은 것일까?

진정 그렇다면… 난 더 늦기 전에 춤추는 방법과 나무를 다루는 기술, 생각하는 방법과 나무피리를 부는 법을 배우기 시작해야겠다.

♩ 중요한 것처럼 보이는 것들에 한눈팔다가
　정말 중요한 것들을 놓쳐버리기 전에….

바다의 미소를 닮은 연인… 11월 31일

홀가의 어머니는 사랑하는 남자(두 분이 결혼을 안 하고 40년이 넘게 친구처럼 살고 있다)와 20년간 작은 배를 타고 세계를 항해하였다. 카티의 집에 머문 지 둘째 날, 그들과 점심을 함께할 수 있었고, 난 할아버지를 보자마자 끊임없이 질문들을 쏟아놓았다.

할아버지는 마흔이 되던 해 직장을 퇴직하고 항해를 하고 싶었다. 하지만 나무배를 살 돈이 없어서 직접 설계도를 구해다가 작은 배를 건조하였다. 그리고 그 배를 타고 홀가의 어머니와 함께 그렇게 꿈꾸어 왔던 바다로의 항해를 시작하였다. 오직 바람의 힘을 의지해 나아가는 작은 돛단배였기에 마음의 여유도 함께할 수 있었다.

칠흑 같은 폭풍 속 산봉우리와 같은 파도 끝에서 배가 하늘 위로 뛰어오르고 다시 곤두박질치기를 3~4일 반복했던 경험, 엄청난 크기의 물고기와 하루 종일 씨름해야 했던 일, 지금과 같은 내비게이션이 없던 시절 매일 밤 별을 보고 방향을 정해야 했던 일들, 무인도의 달콤했던 야자수, 수백 개의 항구에서 만난 수천 명의 사람들….

20년의 햇볕은 두 분의 얼굴 가득 잔주름들을 만들었다.

그러나 그분들은 주름 하나에 호들갑을 떠는 그 누구보다 온화한 미소를 지어 보였다.

누구나 저마다의 꿈이 있다.

그 미소는 그 꿈을 이룬 사람들의 것이다.

그래서 그 미소가 아름다울 수밖에 없는 것이다.

카티의 집에서 일주일을 보내고 다음으로 향한 곳은 크레펠트(Krefeld), 남아공에서 만나 나를 누구보다 잘 챙겨주었던 민정 누나가 독일에 사는 친구 김양희 누나를 소개해주었기에 그분 집에서 일주일을 머물 수 있었다.

도착하는 날, 나를 기다리고 있던 저녁상에는 한국 요리가 가득히 차려져 있었다. 그중에서 가장 먼저 김치 한 조각을 베어 물었던 그 순간, 남아공에서 먹었던 스테이크와 모로코에서 먹었던 쿠스쿠스, 프랑스의 와인과 독일의 맥주의 맛은 다 잊어도 좋았다.

한국어 수업에 참가하다

양희 누나는 이곳에서 주말을 이용해 회관에서 한국어를 가르치고 있었다. 주로 독일에 이민 온 한국인 2세들이나 한국인과 결혼한 독일사람들을 대상으로 수업이 진행되고 있었다. 하루는 누나를 따라 나도 어린이들 교실에 들어가 청강해보았다.

얼굴 생김생김은 한국 아이들인데 수업 시간에 발표하는 기회를 제외하곤 서로 자연스럽게 독일어를 쓰고 있었다. 자녀에게 한국어를 잊지 않게 하고 싶은 부모들의 마음과 아직 한국어를 배워야 할 중요성을 크게 느끼지 못하는 아이들의 상반된 모습이 안타깝게 느껴졌다.

그래도 훗날 문화와 정체성이라는 화두가 그들 앞에 선뜻 다가왔을

때, 지금 열심히 한국어를 또박또박 읽어내듯 그 복잡한 실타래를 풀
어내길 기도해주었다.

한국인 송년회에서 일하다

다음날 찾아간 곳은 한국인들의 송년회가 열리는 행사장이었다. 행
사장에 도착하자마자 난 옷을 걷어붙이고 부엌으로 들어갔다. 불고기
를 굽고 있는 아주머니의 주걱을 낚아채 열심히 고기를 굽기 시작하
자 아주머니가 놀라 물으신다.
"아이고, 잘 하내유…. 가서 좀 쉬지 않고….”
"아니요, 어머님. 이런 건 젊은 사람들이 해야죠!!”
지나가던 아저씨가 물으신다.
"야, 넌 뉘 집 자식이냐?”
"아…, 전 여행 중인데 아는 분과 함께 하루 들렀습니다.”
"어, 그려? 나이가 몇이여?… 어? 그럼 우리 아들이랑 동갑인디?
야, 대인아!”
그래서 불려온 대인이가 서툰 한국말로 물었다.
"어? 한쿡에서 와서요?”
그렇게 한국말이 서툰 여러 명의 젊은 친구들을 만나 이야기할 기
회가 있었다. 그중에 유독 한국인처럼 보이지 않는 여자아이가 있었
다. 그녀가 불고기를 한창 볶고 있는 나에게 무언가를 독일어로 물었
고, 난 당당(?!)하게 한국어로 대답했다.

“어? 난 독일어 잘 못하는데 한국어 할 줄 알아요?”

“아…, 쪼끔요….”

계속 이야기하면서 결국 우린 서로 편한 영어로 대화를 시작했다. 그런데 갑자기 그녀가 꼬마 아이들과 숨바꼭질을 제안했다. 아이들을 피해 숨어 들어간 곳에서 그녀가 말했다.

“내 어머니는 한국분이셔. 내가 어렸을 땐 한국어 학교를 주말마다 나갔지만 그땐 그게 왜 그리 싫던지 난 결국 부모님을 졸라 더 이상 나가지 않았고, 한국어도 다 잊었지…. 하지만 내 정체성에 대해 생각하기 시작한 요즘, 나의 반쪽은 한국인임을 부정할 수 없어. 어린 시절 한국어를 다 잊어버린 것이 너무나도 후회스러워. 내년에 한국에 가서 일 년간 한국어를 공부할 거야….”

“오면 꼭 나에게 연락해줘….”

그때 아이들이 우리가 숨었던 방문을 열었다.

숨바꼭질이 끝나고 다시 흥겨운 것만 같았던 사람들의 모습들을 바라보았다. 없다는 것을 알면서도 매번 소주 한 병만 더 달라고 오는 할아버지의 눈가에, 간호사로 이 땅에 와 이제 머리카락이 하얗게 새어버린 할머니의 또박또박한 한국어에, 나와 곧잘 한국어로 대화하는 대견한 아들의 어깨를 감싼 아버지의 손에도 이제는 익숙해진 조국에 대한 빛바랜 그리움이 묻어 있었다.

한국인들이 부푼 희망을 가지고 떠났던 이민의 역사에서 그들이 바랐던 것은 무엇이고 얻은 것은 무엇일까? 혹시 노년에 고향집 부뚜막 언저리라도 생각나면 물밀듯 밀려오는 향수로 가슴을 적셔야 하는 것

은 아닐까? 그래서 다시 뿌리내렸다고 생각했던 이곳에는 이미 한국
어를 못 하는 내 아이들만 단단히 뿌리를 내리고, 나의 뿌리는 아직
도 한국에 있음을 쓸쓸히 깨달아야 하는 것은 아닐까?

　♩ 난 한국에서 살고 싶다.
　　다른 나라에서 태어났다면 그 나라에 살고 싶겠지만
　　난 한국에서 태어났으니
　　그 한 가지 이유만으로도
　　난 기꺼이 한국에서 죽고 싶다.

쾰른성당(Cologne Cathedral)

독일 쾰른(Köln)의 고딕양식 교회 건축물로서 세계 세 번째 규모이다. 1248년부터 약 600년에 걸쳐 건축되었다. 1996년에 유네스코 지정 세계 문화유산으로 등록되었다.

지금 이 글을 쓰는 곳은 양희 누나의 집이다. 내일 이곳을 떠나 남아공에서 한집에 살았던 친구 스테피의 집이 있는 트리아(Trier)로 향할 것이다. 그녀의 가족들이 사는 조용한 산골 마을에서 크리스마스를 보낸 뒤, 다시 뮌헨으로 가서 아프리카에서 만났던 친구 다니엘라를 만날 것이다. 그리고 12월 30일, 한국으로 향하는 비행기에 오른다. 이제 2주가 남은 여행길에서 나의 여행기는 여기서 마무리하려 한다. 앞으로 2주간은 글을 줄이고 생각을 정리하는 시간을 보내고 싶다.

처음 여행을 떠났을 때 난, 내가 호주의 아름다운 정원을 가꾸게 될지 몰랐다. 남아프리카에서 천사들을 가르치게 될지, 사하라에서 강도를 만나 죽을 뻔할지 몰랐다. 모로코에서 책 표지를 만들고 학교에서 페인트칠을 할지 몰랐고, 스페인에서 히피가 될지도 몰랐다. 프랑스에서 화가와 함께 살게 될지, 영국에서 일주일을 걷게 될지도 몰랐고, 독일에서 이렇게 좋은 분의 집에 머물게 될지도 몰랐다. 꿈에도 생각지 못한 많은 일들이 예고 없이 일어났다….

그리고 난 지금 생각한다. 내가 만나려 했던 것은 나였고,
내가 찾으려는 행복의 비밀은 내 안에 있었음을.
그런데 그것을 찾기 위해서는 익숙한 것으로부터 떠나야 했음을.
그래서 다른 모두를 만나야 했음을 생각한다.
이 모든 것들을 '우연'이란 이름으로 보여준 신께 감사한다.

나침반 ··· 12월 30일

내 인생의 방향을 찾아
나에게로 떠났던 여행에서
나침반은 무엇보다 소중한 길동무가 되었다.

어지러운 지도 위 다시 마주친 갈림길에서
낯선 기차역 바쁜 걸음들 속에서도
난 나침반을 깨워 조심스레 나의 방향을 정했다.

다 닳아버린 나침반을 손에 쥐고
다시 그들에게로 돌아가는 귀향길에서
내 손에 느껴지는 것은 분명 '방향'이었다.

여행에는 자유가 필요하다

여행을 다녀 온지 벌써 일 년 하고도 반이 지났다. 여행에서 돌아오는 대로 돌아다니며 썼던 일기와 사진, 그림들을 모아 책으로 엮는다는 것이 이렇게 오래 게으름을 피워버렸다. 또 막상 일기를 정리하고 보니 확신을 가지고 쓴 글은 적고, 대부분의 글이 또 다른 물음으로 마무리 하고 있었다. 이런 서툴고 물음뿐인 글들과 제멋대로인 그림들을 재미있게 봐줄 독자가 있을까 하는 두려움도 적지 않았다.

또 다른 걱정은 책이 후반부로 갈수록 무거워지는 느낌이 드는 것이다. 발걸음도 가벼운 여행을 다녀와서 썼다는 책의 내용이 자꾸 무겁게 흘러가는 것을 안타깝게 지켜보면서도 그 당시 썼던 일기의 내용이 늘 무거웠기 때문에 지금에 와서 그것을 수정할 수 없었다.

그래도 늘 곁에서 독려해주고 출판을 기다려준 가족들과 친구들, 그리고 끝까지 까다로운 나의 요구를 받아주신 출판사 분들이 있어 무사히 출판을 마칠 수 있었다.

여행이 꼭 여행자를 바꿀 필요가 없다는 말에 공감하지만, 내 젊은 날의 여행은 나를 조용하고 지속적으로 변화시켰다. 하지만 나를 변화시켰던 것은 누가 말했다는 명언이나 어느 미술관에 전시된 예술작품과 같은 문구나 형체가 아니었다. 오히려 아침 정원에서 그날 핀 꽃 한 송이를 발견했을 때나 하루를 걸은 후에 다시 텐트를 펴고 누웠을 때면 알 수 없이 내 속에서 밝아져 오는 뜨거움을 느낄 수 있었다.

그렇게 발견한 내 안의 빛이 나를 어떤 사람으로 변화시켰는지는 나도 잘 모르겠다. 누군가는 나의 변화를 긍정하기도 하지만 많은 사람들이 부정적으로 보기도 하기 때문이다. 다만 그 변화가 나를 점점 나답게 만들었다는 것은 잘 알고 있다. 변화의 근원이 나였고, 변화의 방향이 바로 나이기 때문이다.

혹시 온갖 지식과 처세서로 넘쳐나는 타인들의 목소리로 가득 찬 이 세상에서 자신의 내면의 목소리를 따라 삶의 방향을 찾고 싶은 사람이 있다면 홀로 여행을 떠나볼 것을 권한다. 관광은 돈이 필요하지만, 여행에는 자유가 필요하다. 작은 손톱깎이와 나침반 하나를 가방에 챙겨 넣고 단출하게 여행을 떠나보자. 테마라는 이름으로 스스로 여행의 부자유를 만들지 말고 삶의 방향을 찾아야 한다는 생각도 잊어버린 채, 한적한 시골길을 담백하게 걸어보자. 그리고 누군가에게 또 스스로에게 '물음'을 건네 보자.